AF456911

V

COURS D'ÉTUDES MATHÉMATIQUES

PURES ET APPLIQUÉES.

Angoulême, Imp. LEFRAISE et Cᵉ, rue du Marché, 6.

COURS
D'ÉTUDES MATHÉMATIQUES
PURES ET APPLIQUÉES,

SUIVI D'INSTRUCTIONS RELATIVES A LA RÉDACTION DES DIFFÉRENTS PLANS, DEVIS ET PROJETS,

A L'USAGE DES AGENTS-VOYERS,

Ouvrage également utile à MM. les Employés des Ponts & Chaussées, des Contributions directes, des Eaux & Forêts, Architectes, Géomètres du Cadastre, Arpenteurs, Entrepreneurs de Travaux publics, etc.;

PAR

C.-A. DUBOYS-LABERNARDE,

INSPECTEUR-VOYER DU DÉPARTEMENT DE LA CHARENTE,

Ancien Élève de l'École des Arts et Métiers d'Angers.

PLANCHES.

PARIS,

CARILIAN-GOEURY ET Vve DALMONT,

Libraires des Corps des Ponts et Chaussées et des Mines, quai des Augustins, 49.

—

1850.

1851

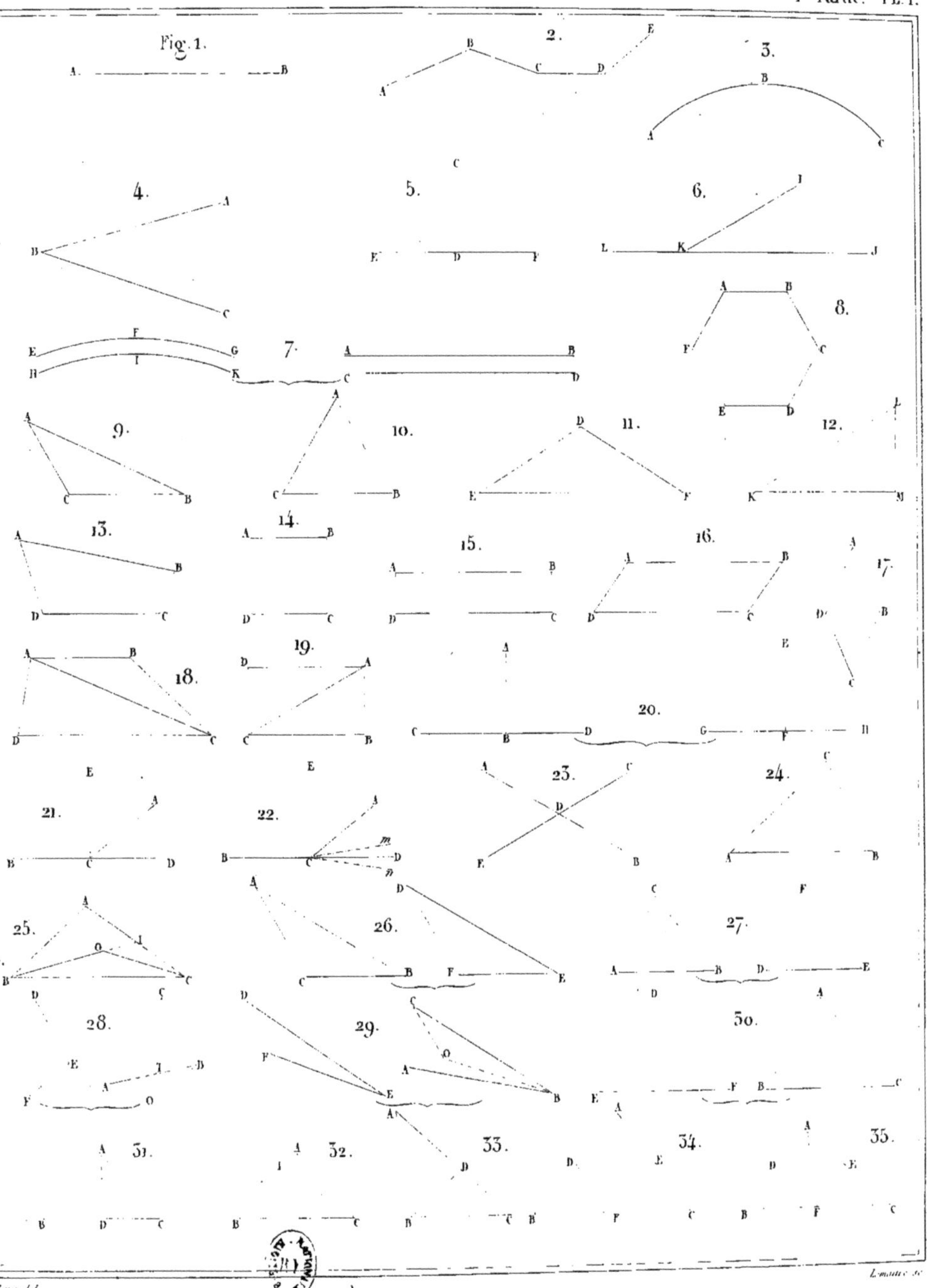

Dubois del. Lemaître sc.

Fig. 36. 37. 38. 39.

40. 41. 42. 43.

44. 45. 46. 47.

48. 49. 50. 51. 52.

53. 54. 55. 56. 57.

58.

59. 60. 61.

62. 63. 64. 65.

66. 67. 68. 69.

Duboys del. Lemaitre sc.

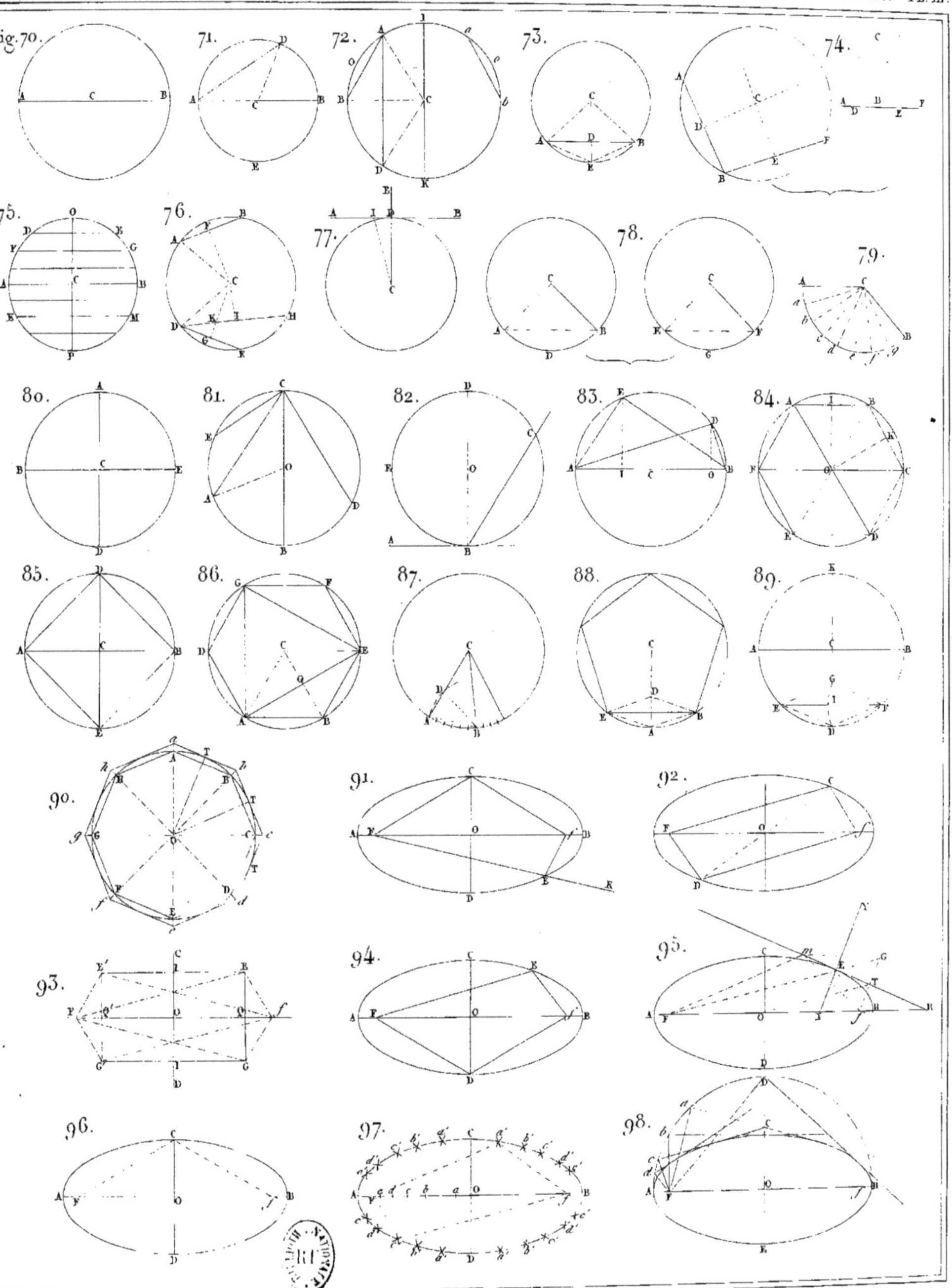

Duboys del. Lemaitre sc.

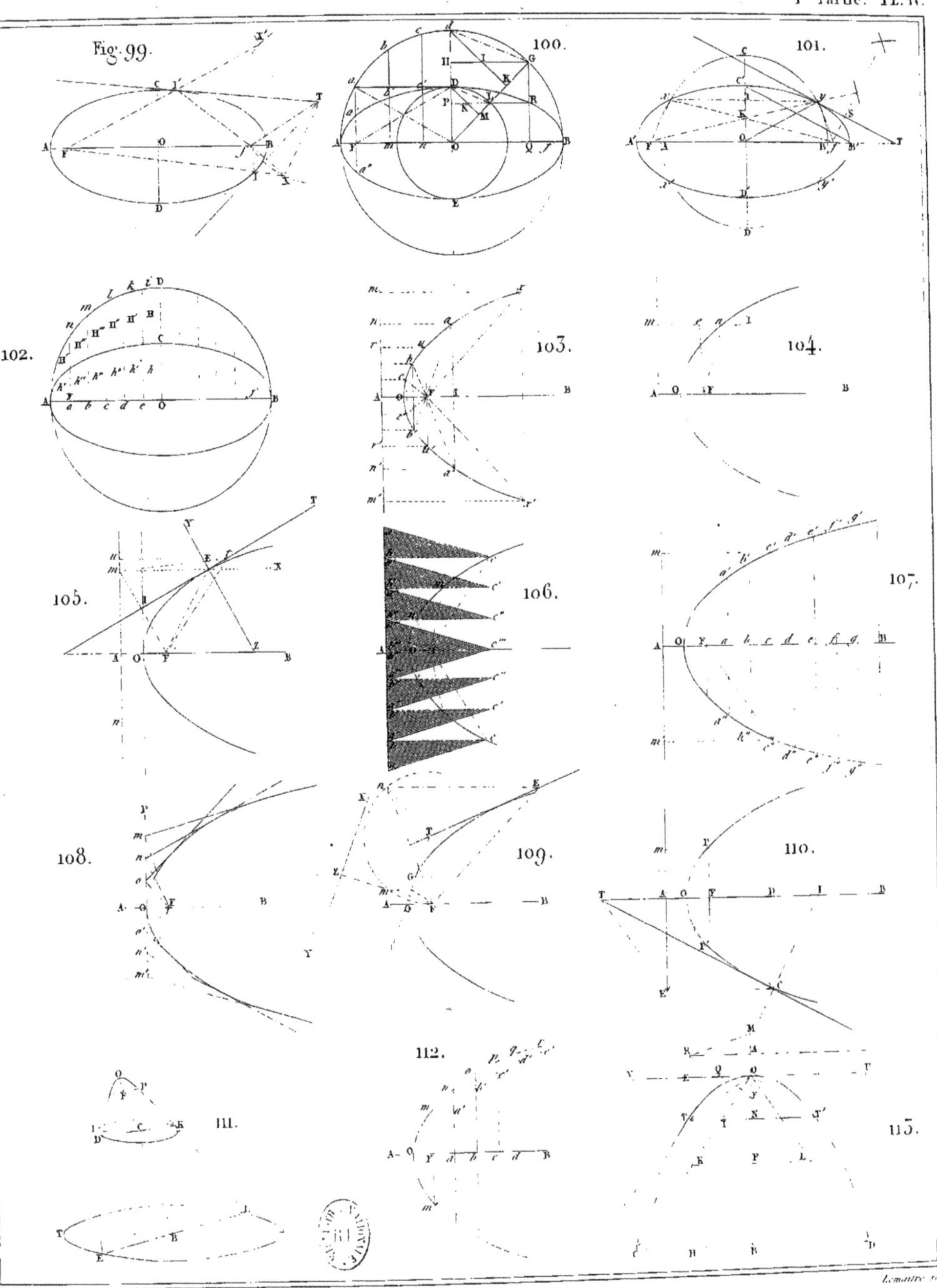

Duboys del. Lemaitre sc.

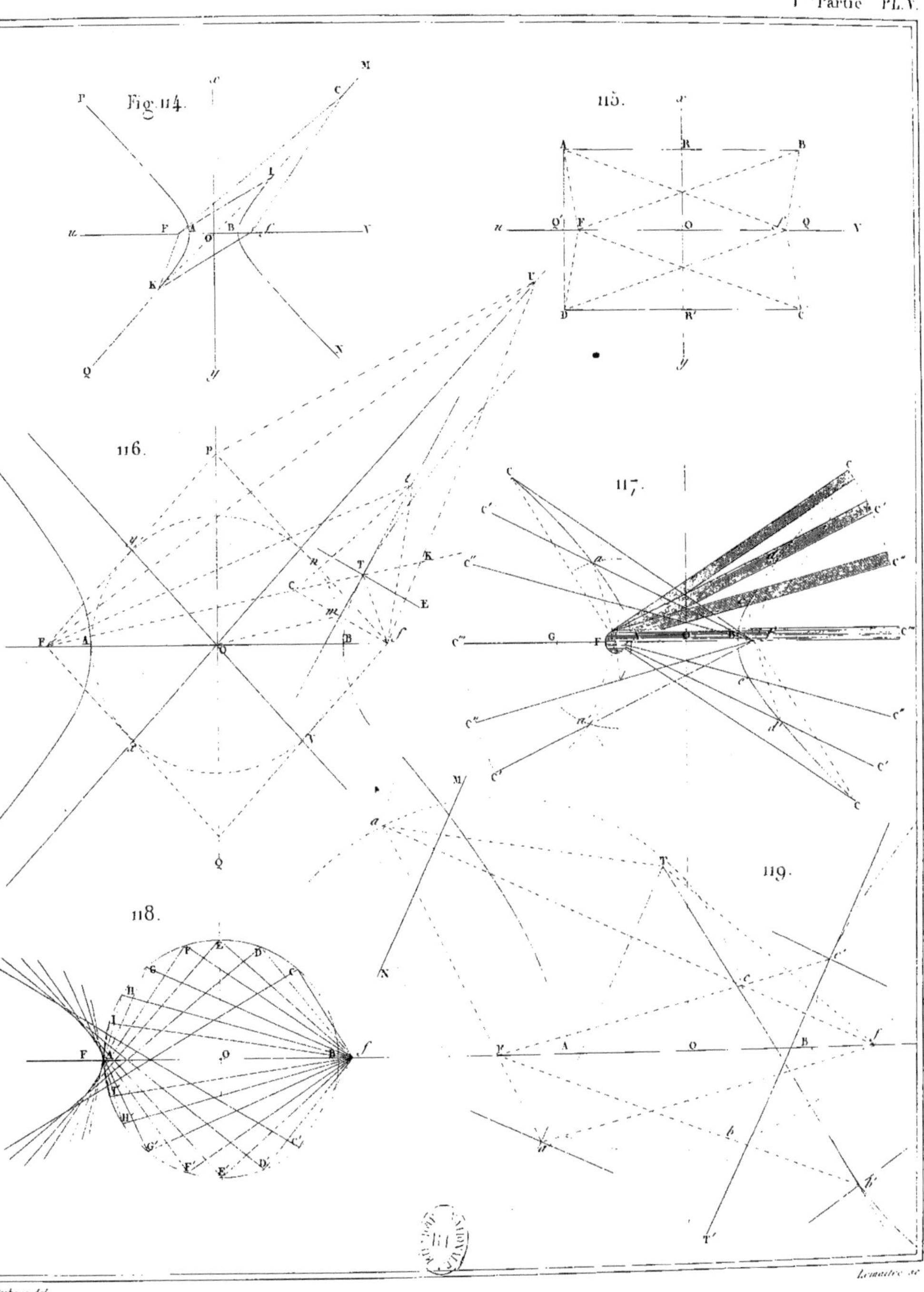

Duboys del. Lemaître sc.

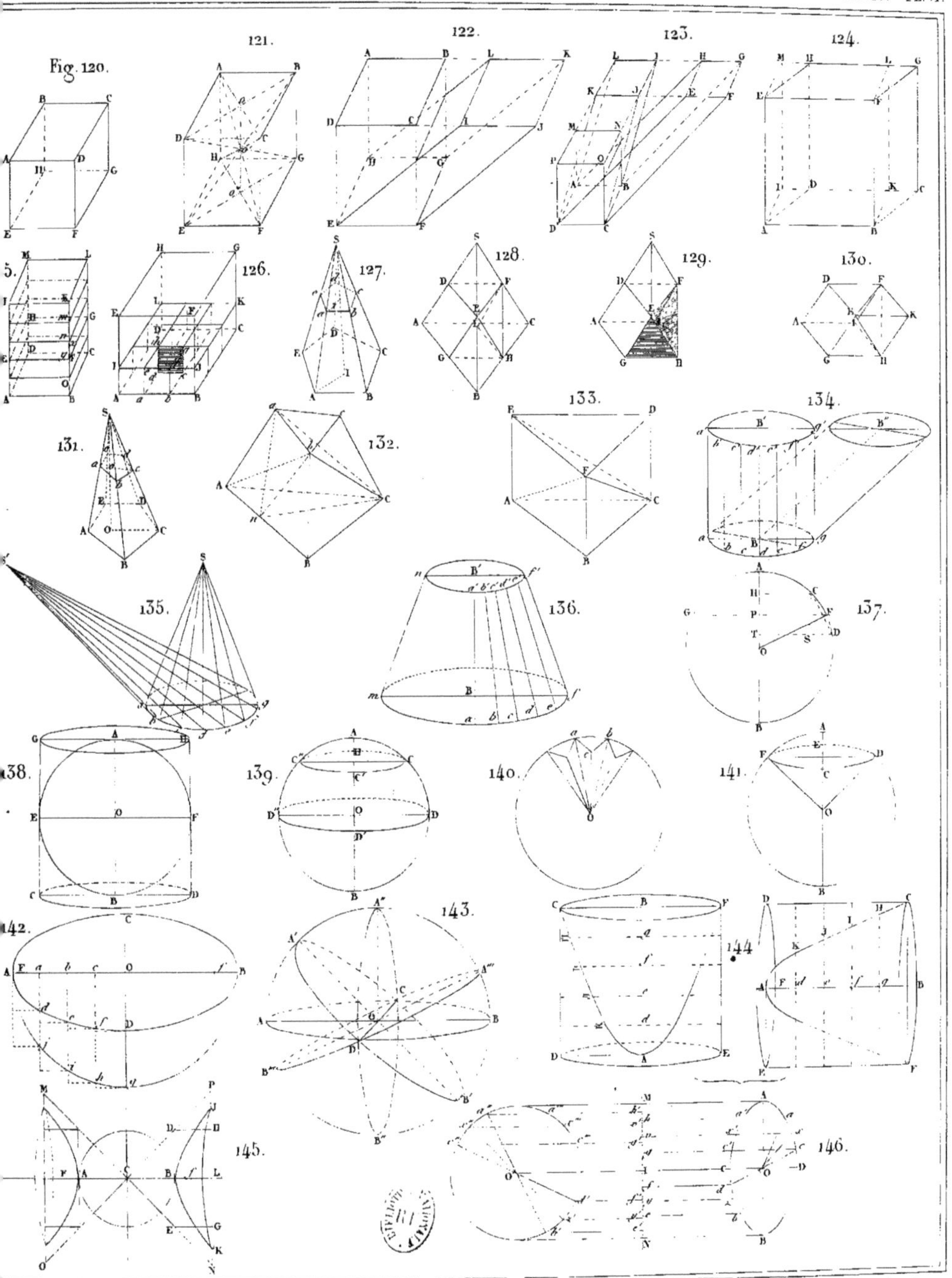

Dubois del.

Lemaitre sc.

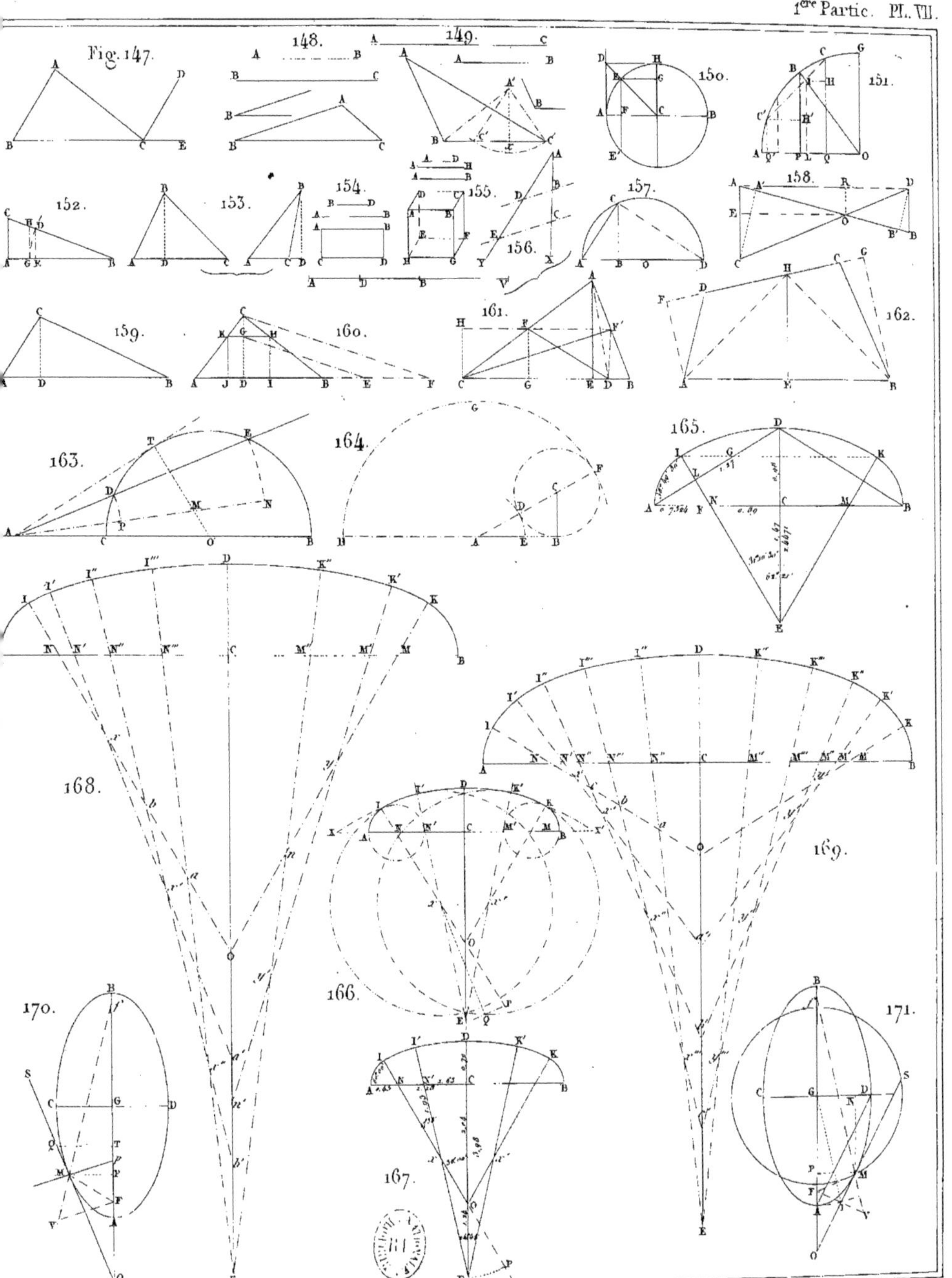

Duboys del.

Lemaitre sc.

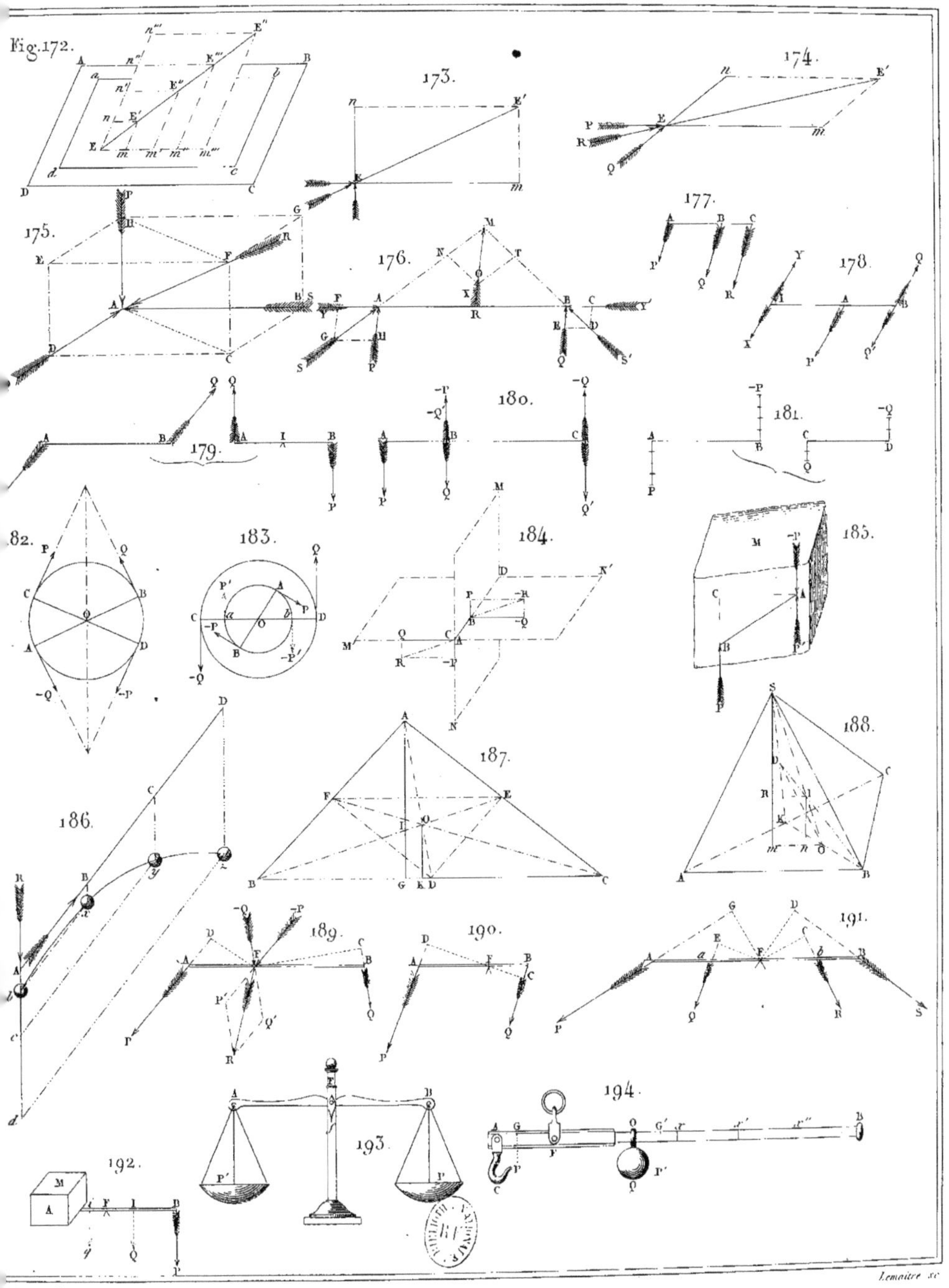

...uboys del. Lemaitre sc.

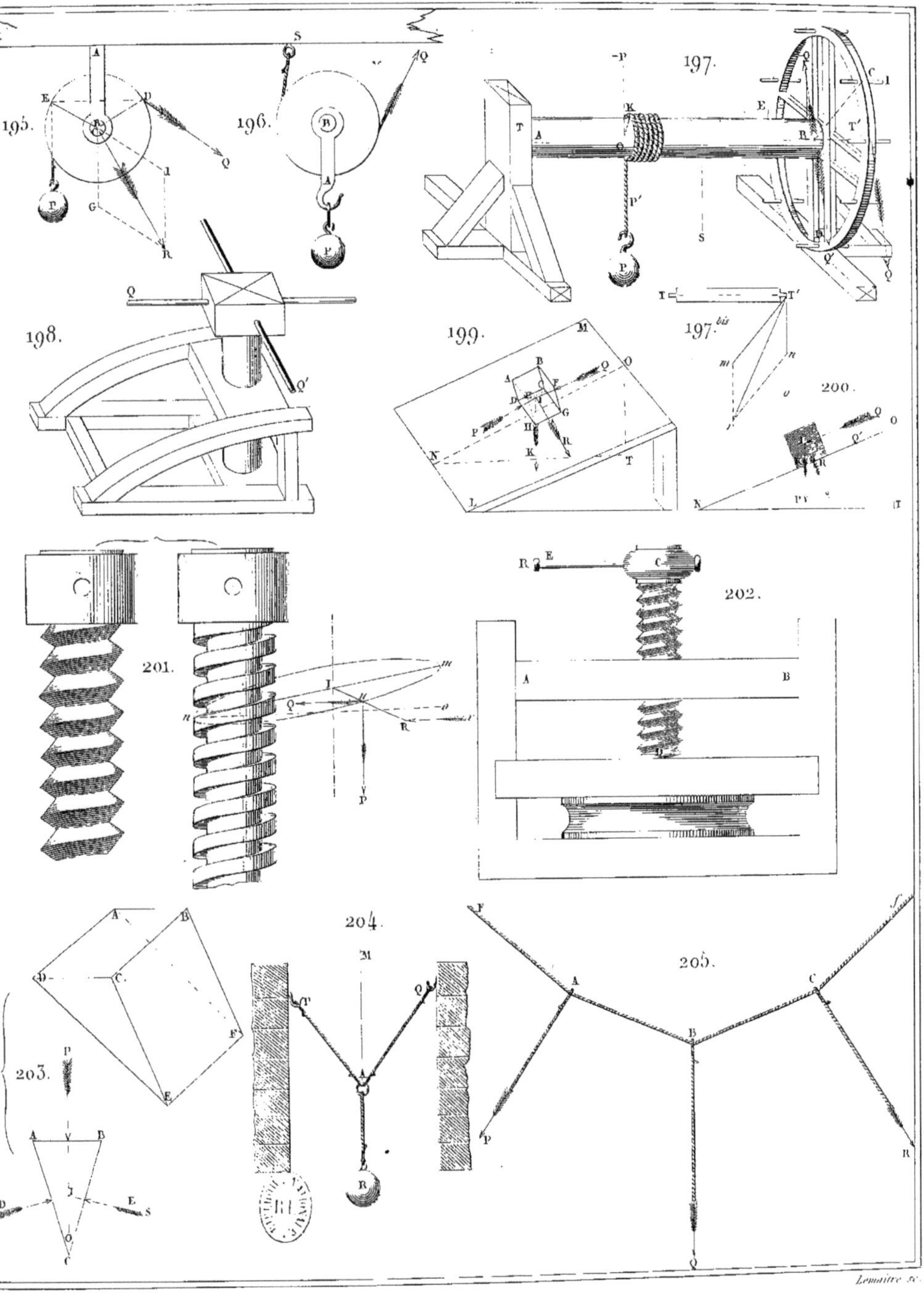

Duboys del. Lemaitre sc.

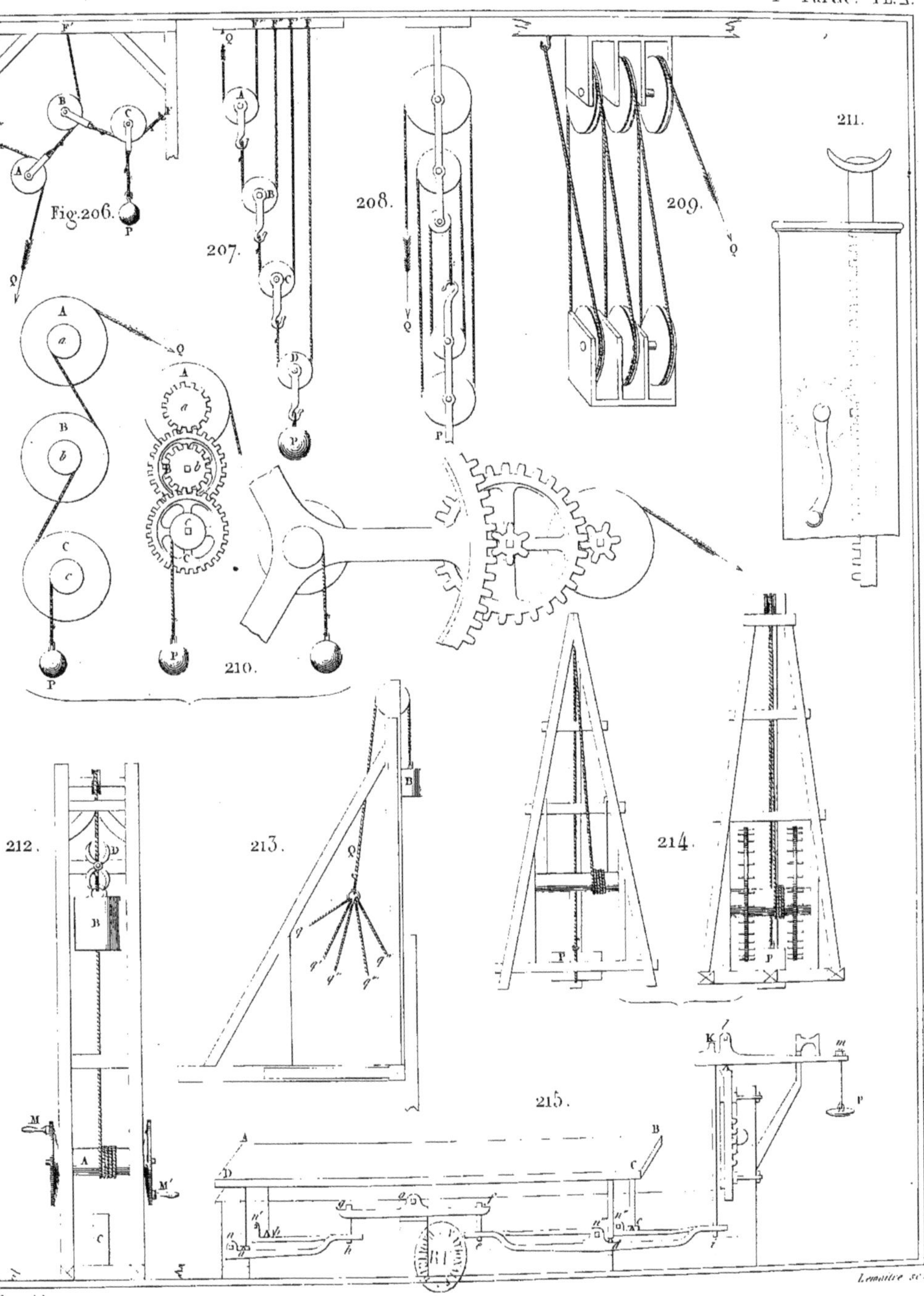

...boys del.

Lemaître sc.

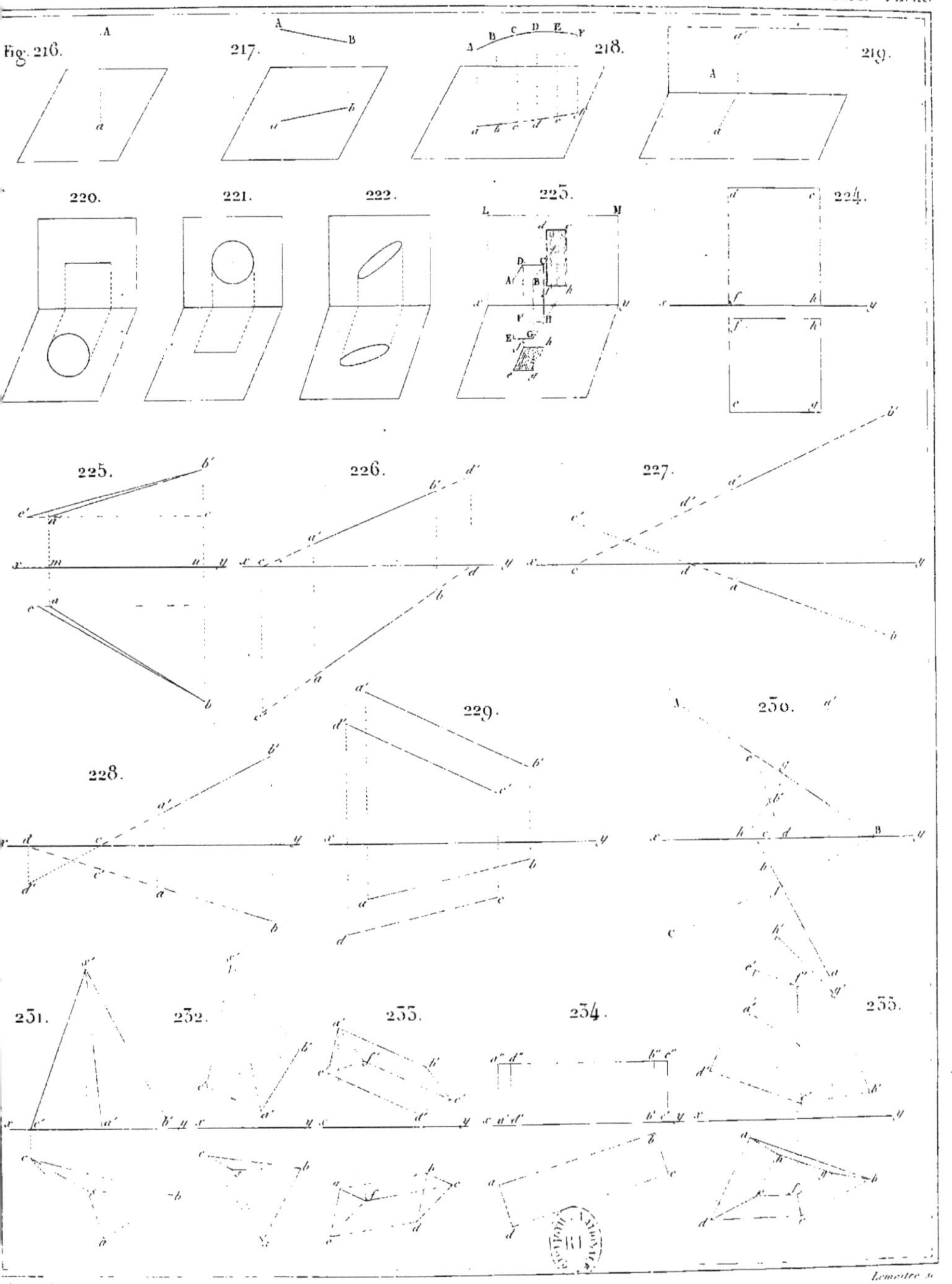
Fig. 216.
217.
218.
219.
220.
221.
222.
223.
224.
225.
226.
227.
228.
229.
230.
231.
232.
233.
234.
235.
Lemaître sc.

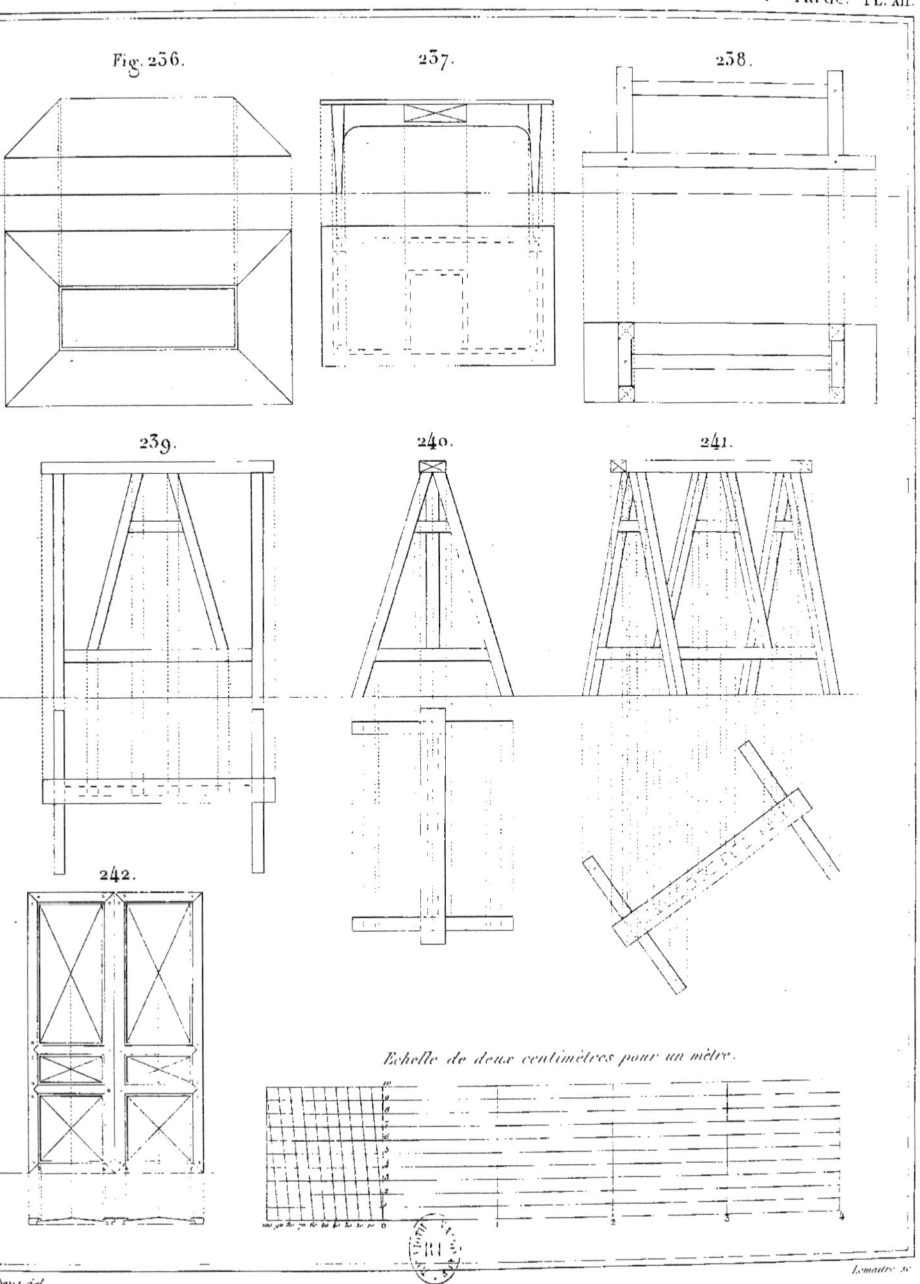
Fig. 236.
237.
238.
239.
240.
241.
242.
Echelle de deux centimètres pour un mètre.
100 90 80 70 60 50 40 30 20 10 0
1
2
3
4
...oys del
Lemaitre sc.

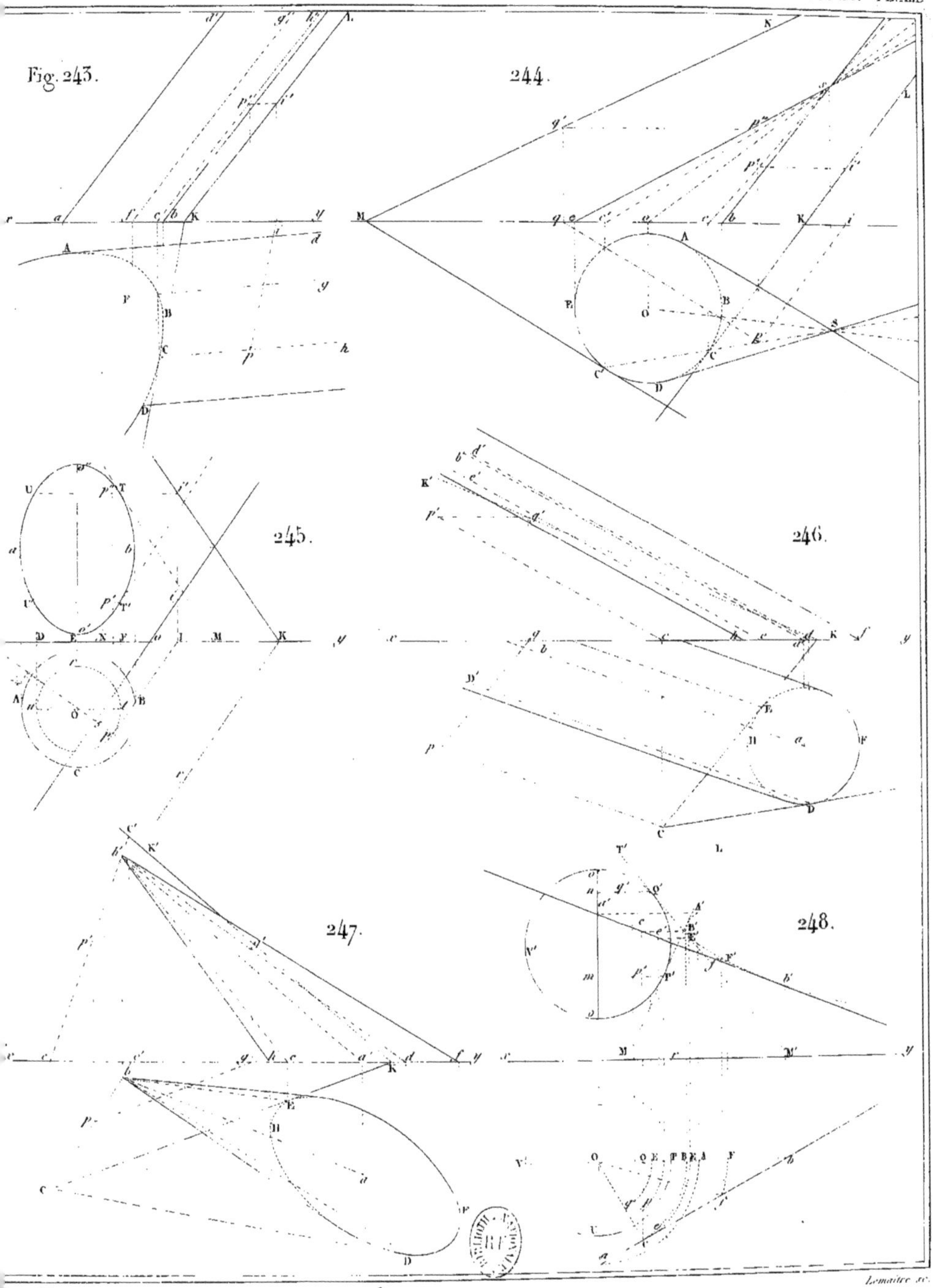
Fig. 243.
244.
245.
246.
247.
248.

...boys del.   Lemaitre sc.

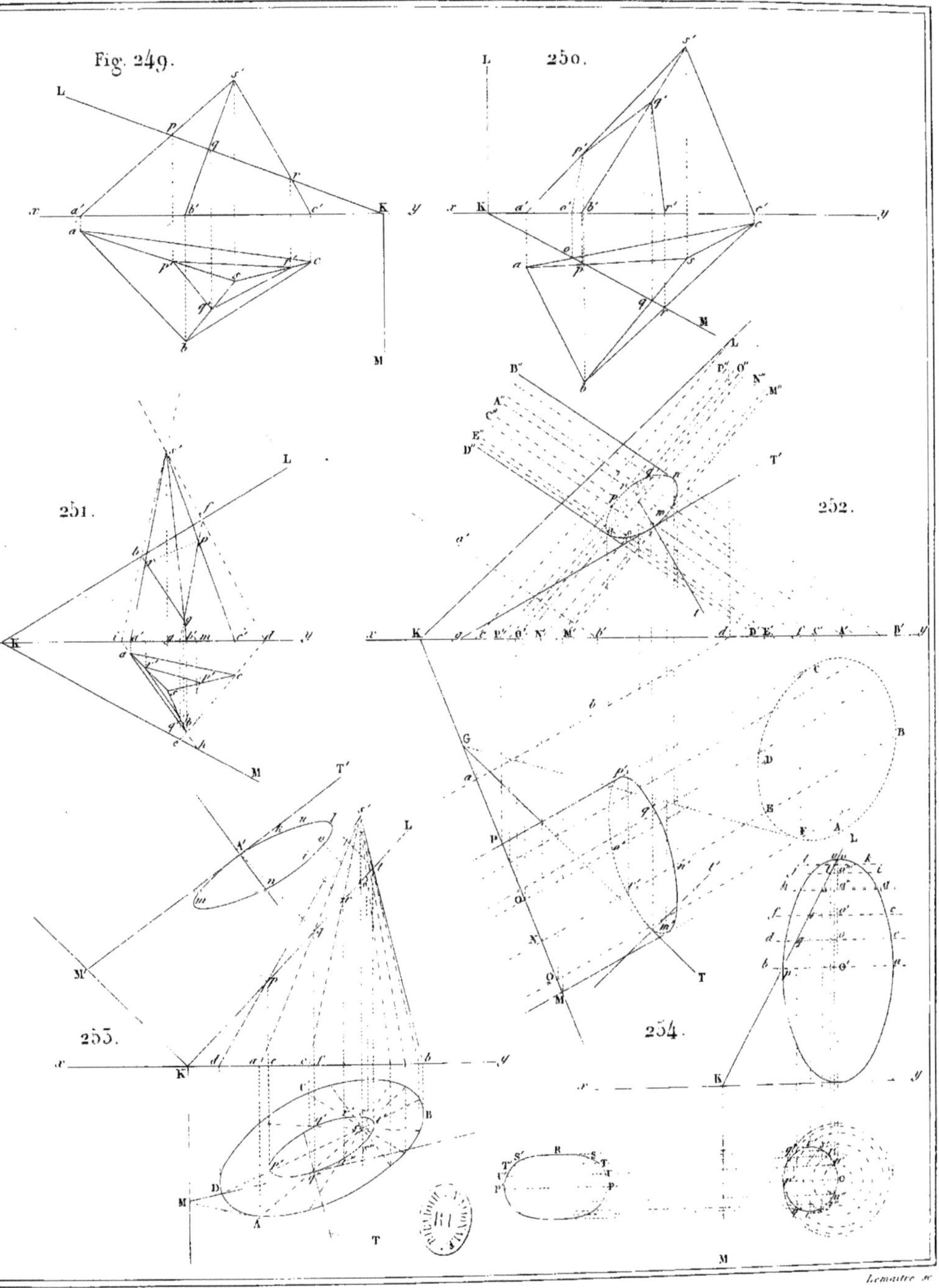
Fig. 249.
250.
251.
252.
253.
254.

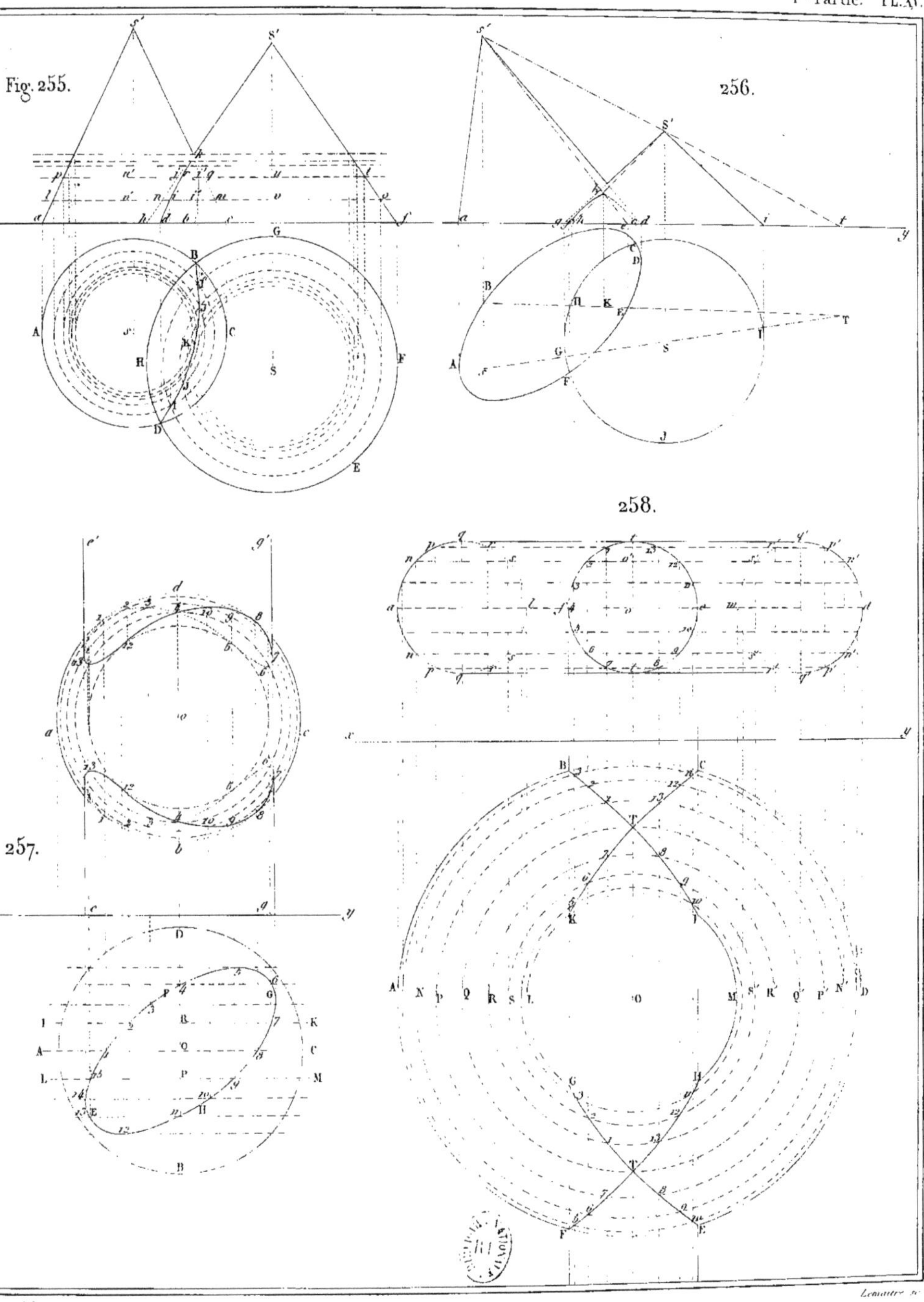

...oys del.
Lemaitre sc.

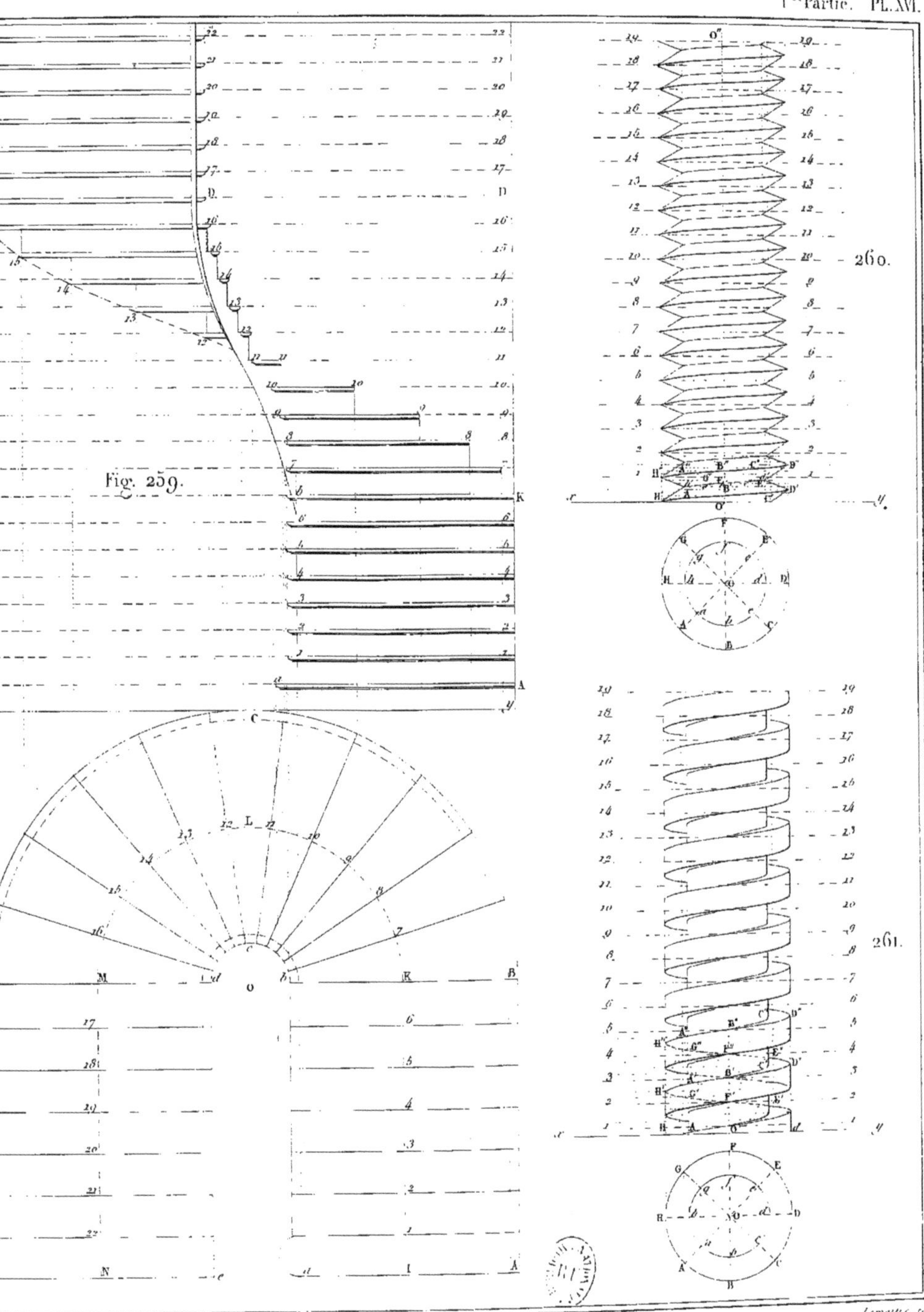

...ys del.

Lemaître sc.

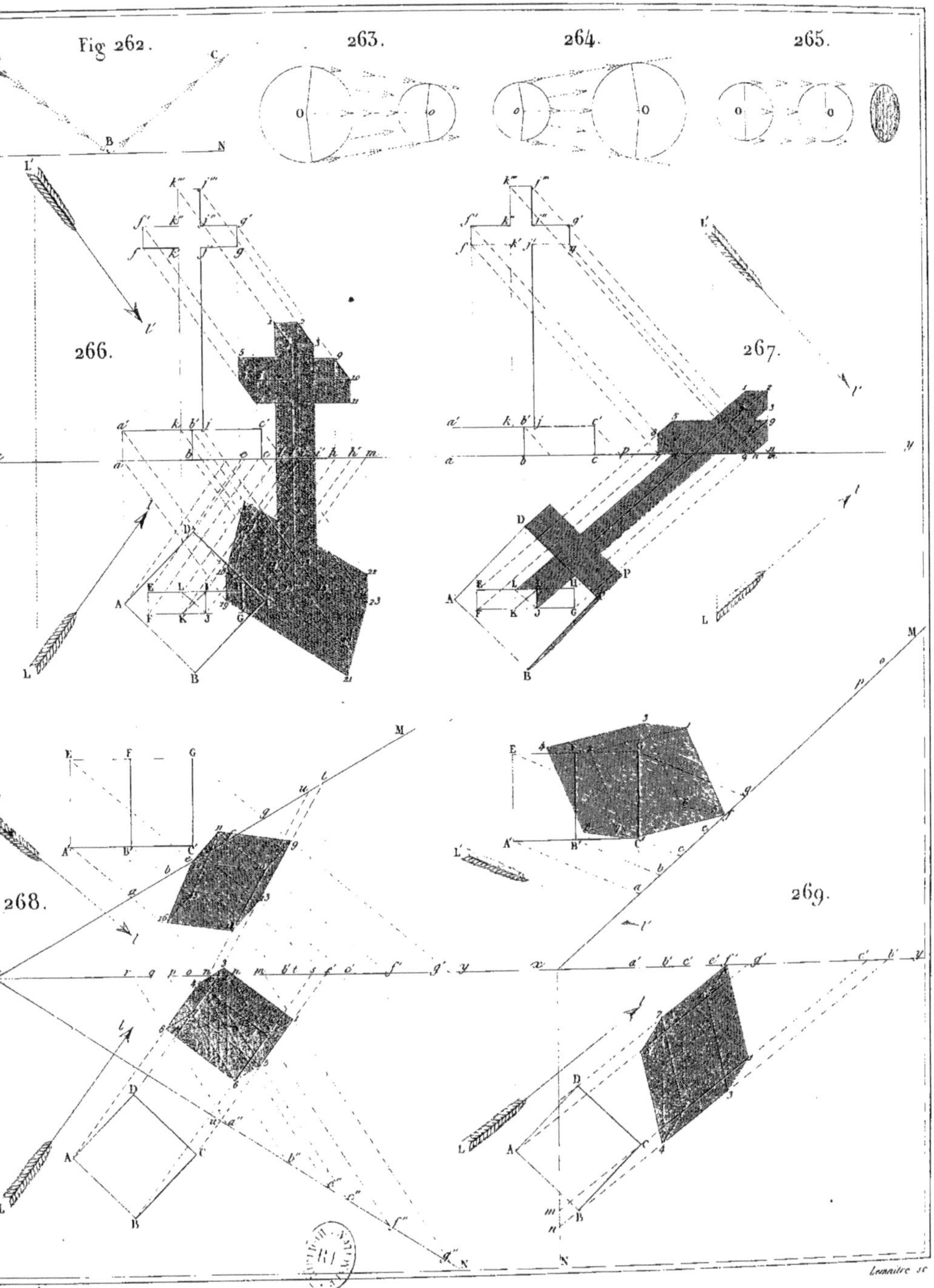

Duboys del.

Lemaitre sc.

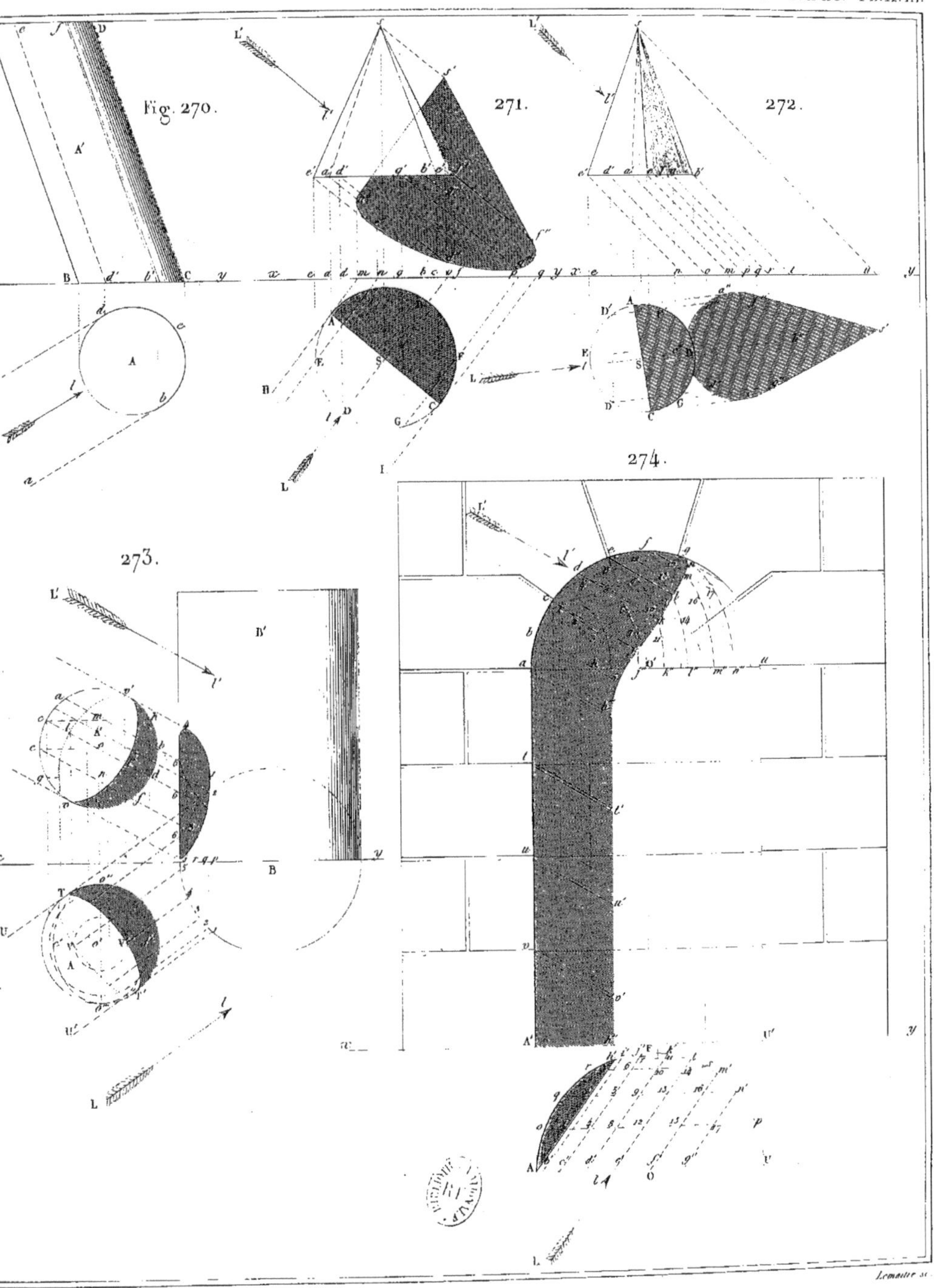

Duboys del.

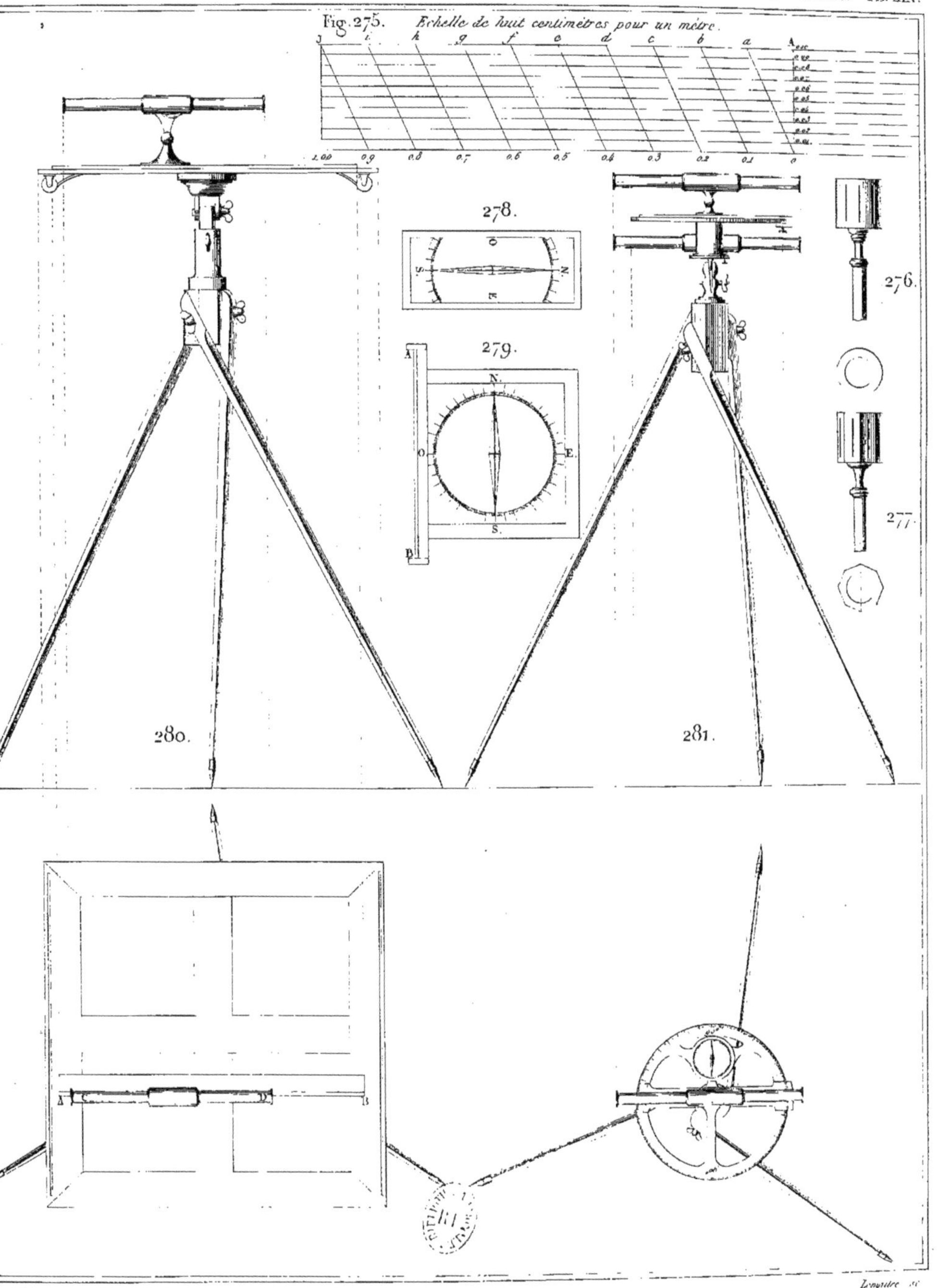

oys del.

Lemaître sc.

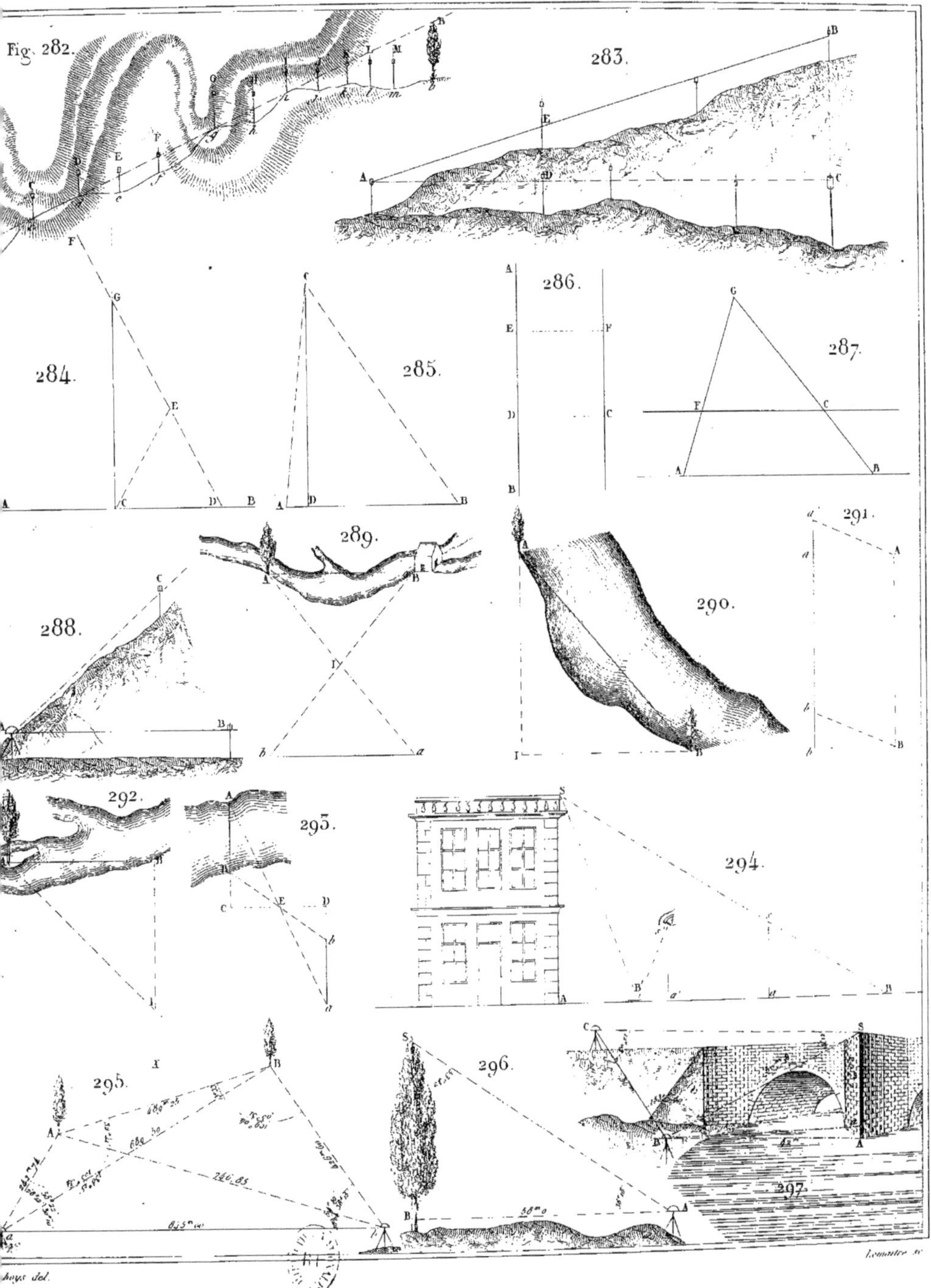

...boys del.

Lemaître sc.

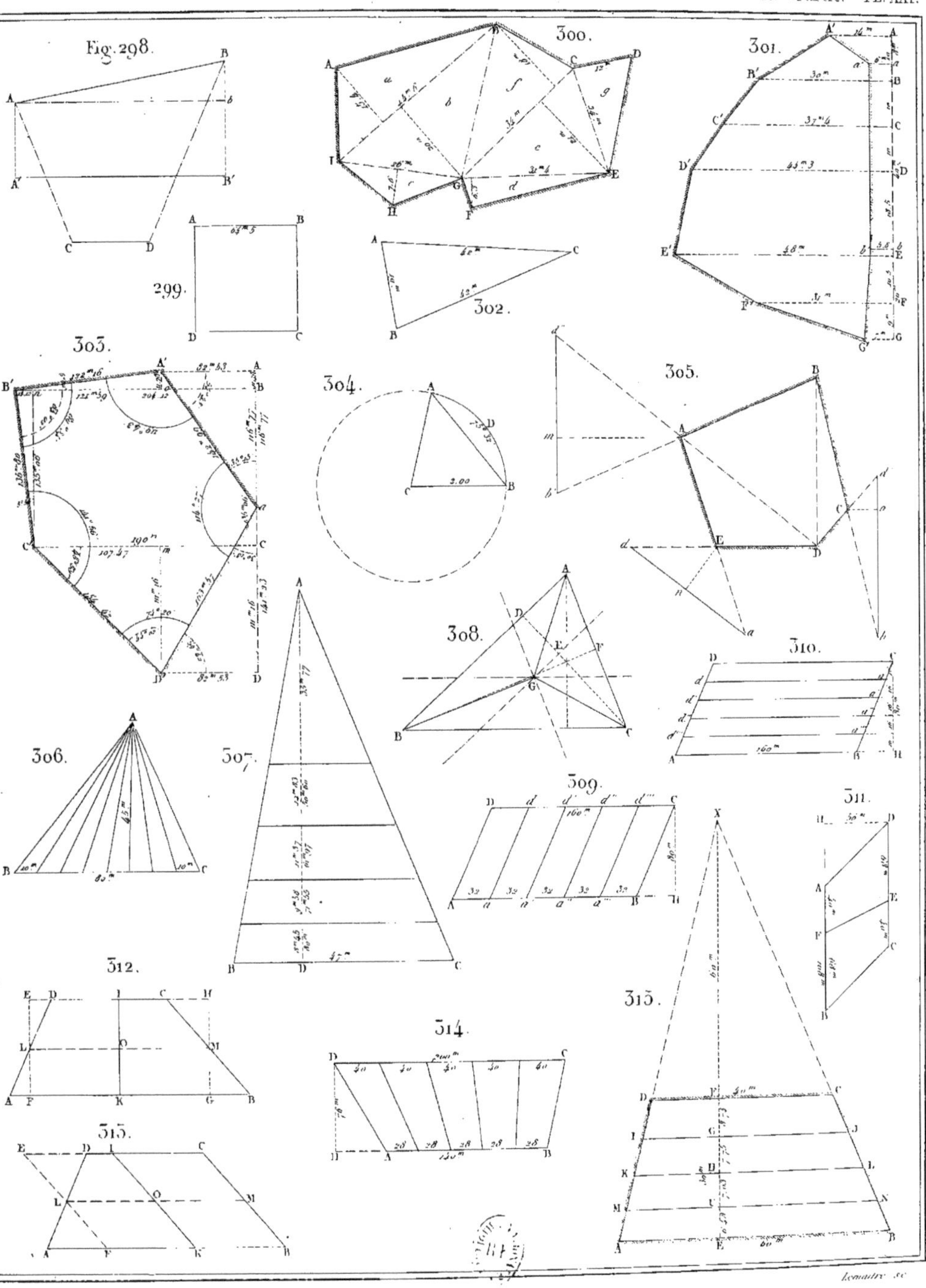

Fig. 316.

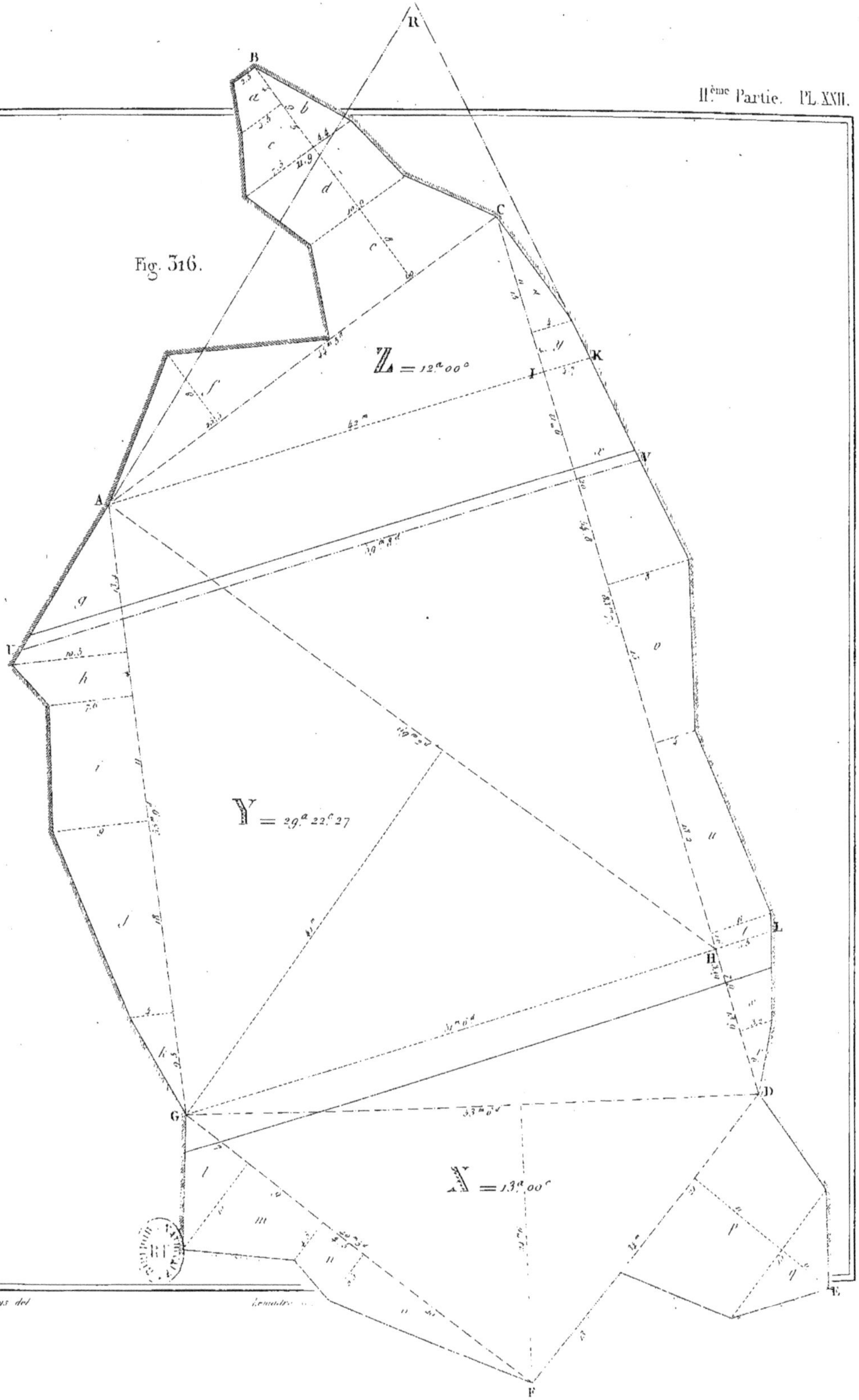

Z = 12a 00c

Y = 29a 22c 27

X = 13a 00c

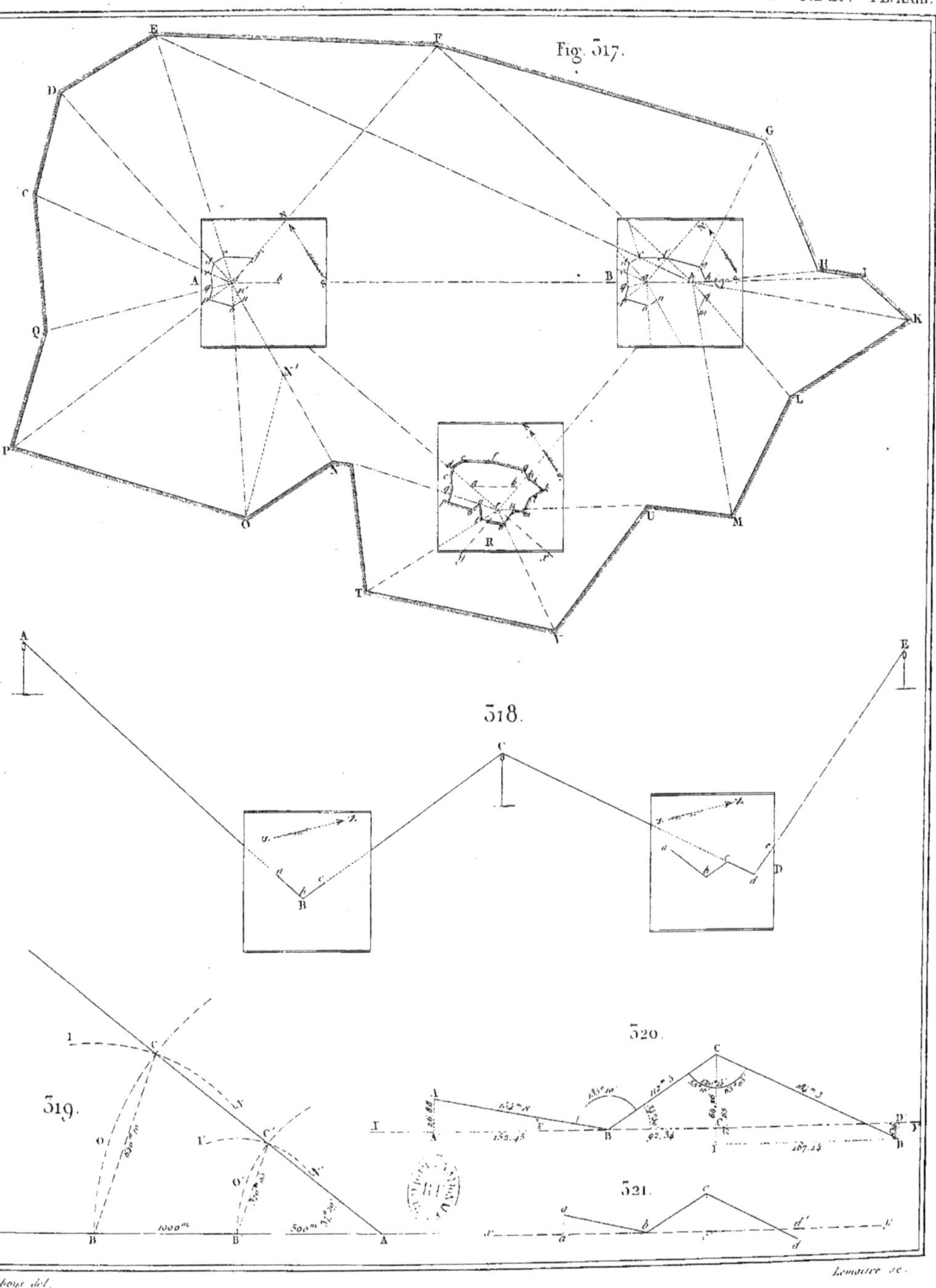

Duboys del. Lemaitre sc.

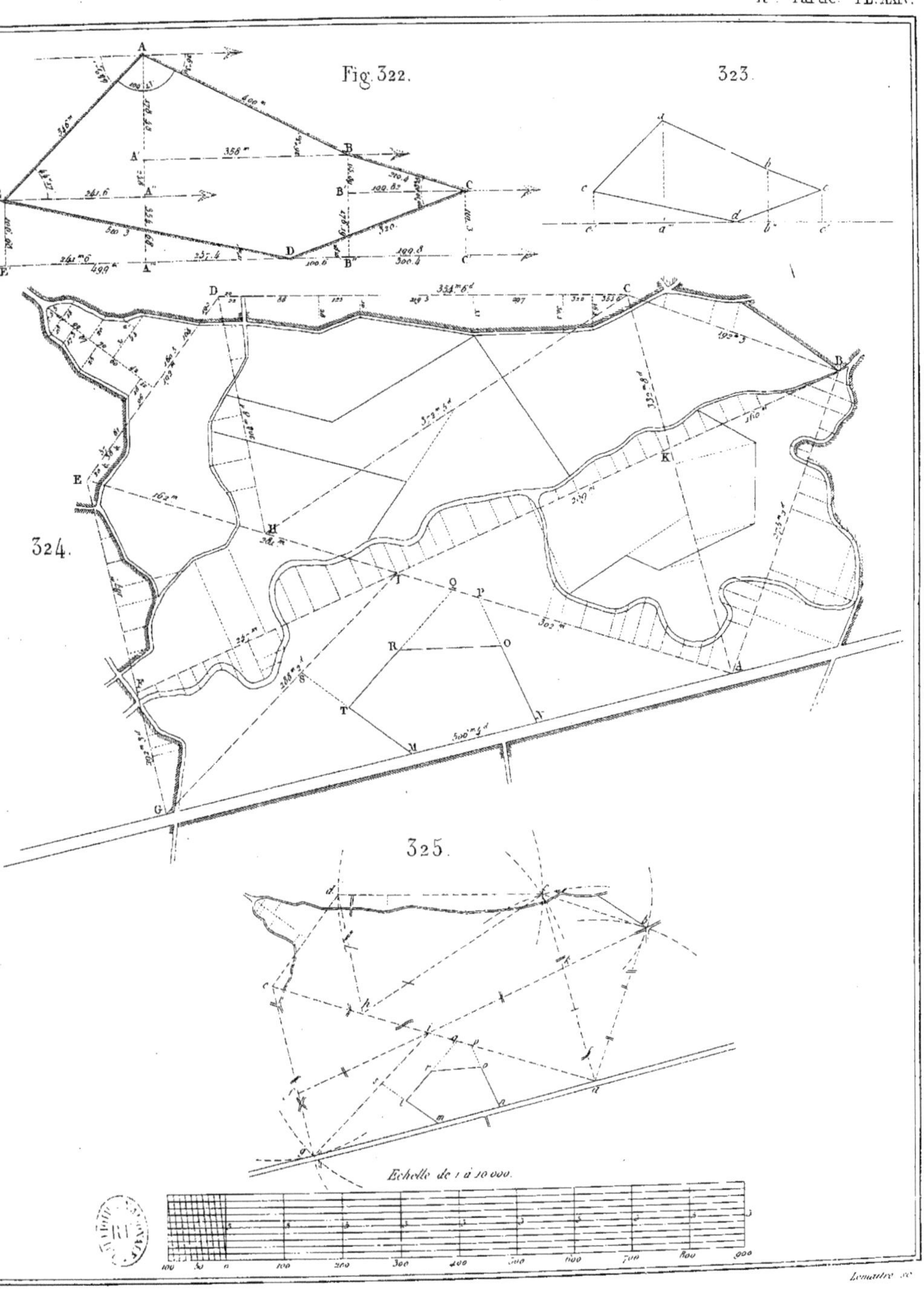

Lemaître sc.

hays del.

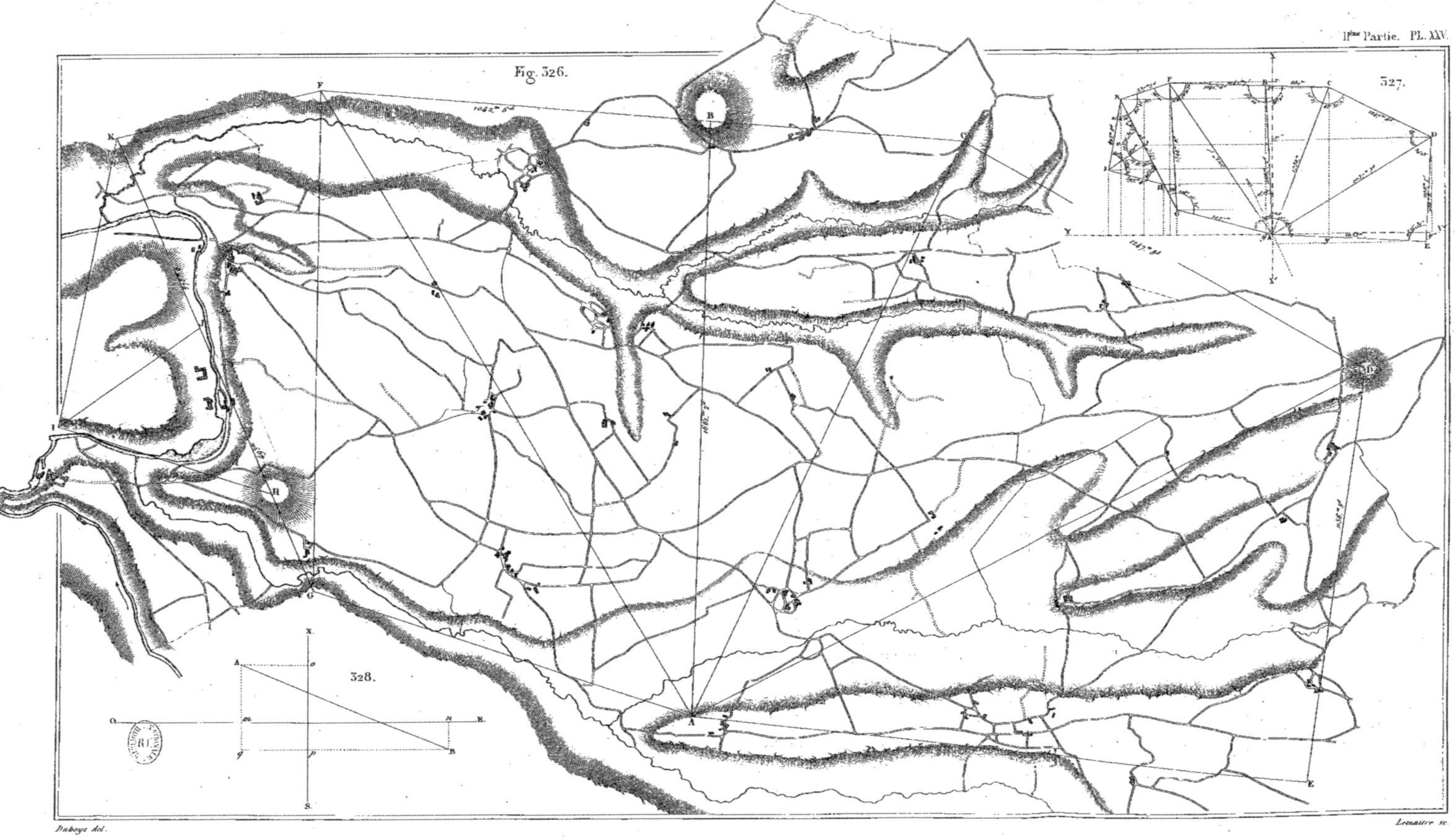
Fig. 326.
327.
328.
A
B
C
D
E
F
G
H
I
K
N
S
O
X
Y
1042.m 6d
1861.m 2d
Duboys del.
Lemaître sc.

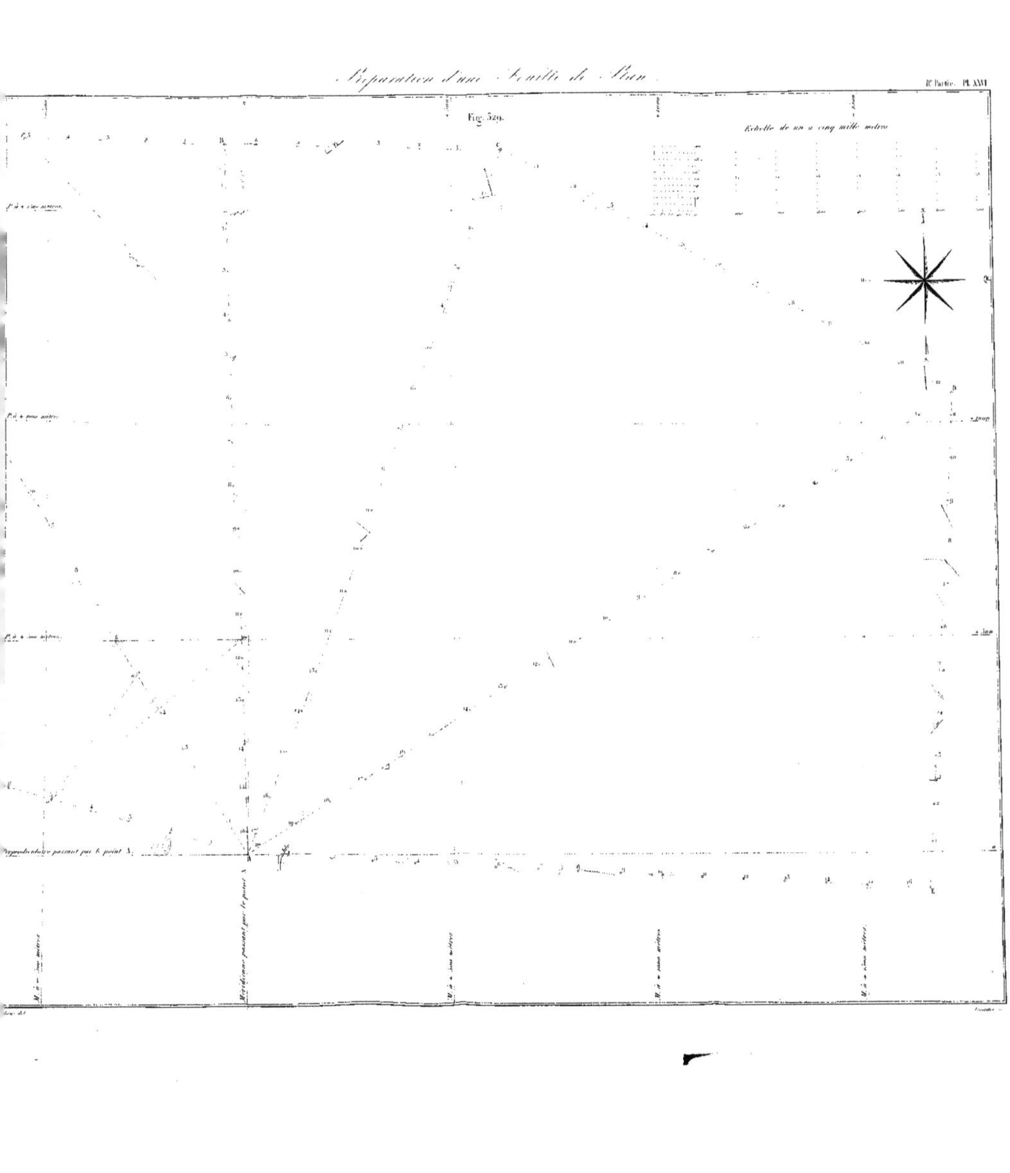
Fig. 529.
Echelle de un à cinq mille mètres
Perpendiculaire passant par le point A.
Méridienne passant par le point A.

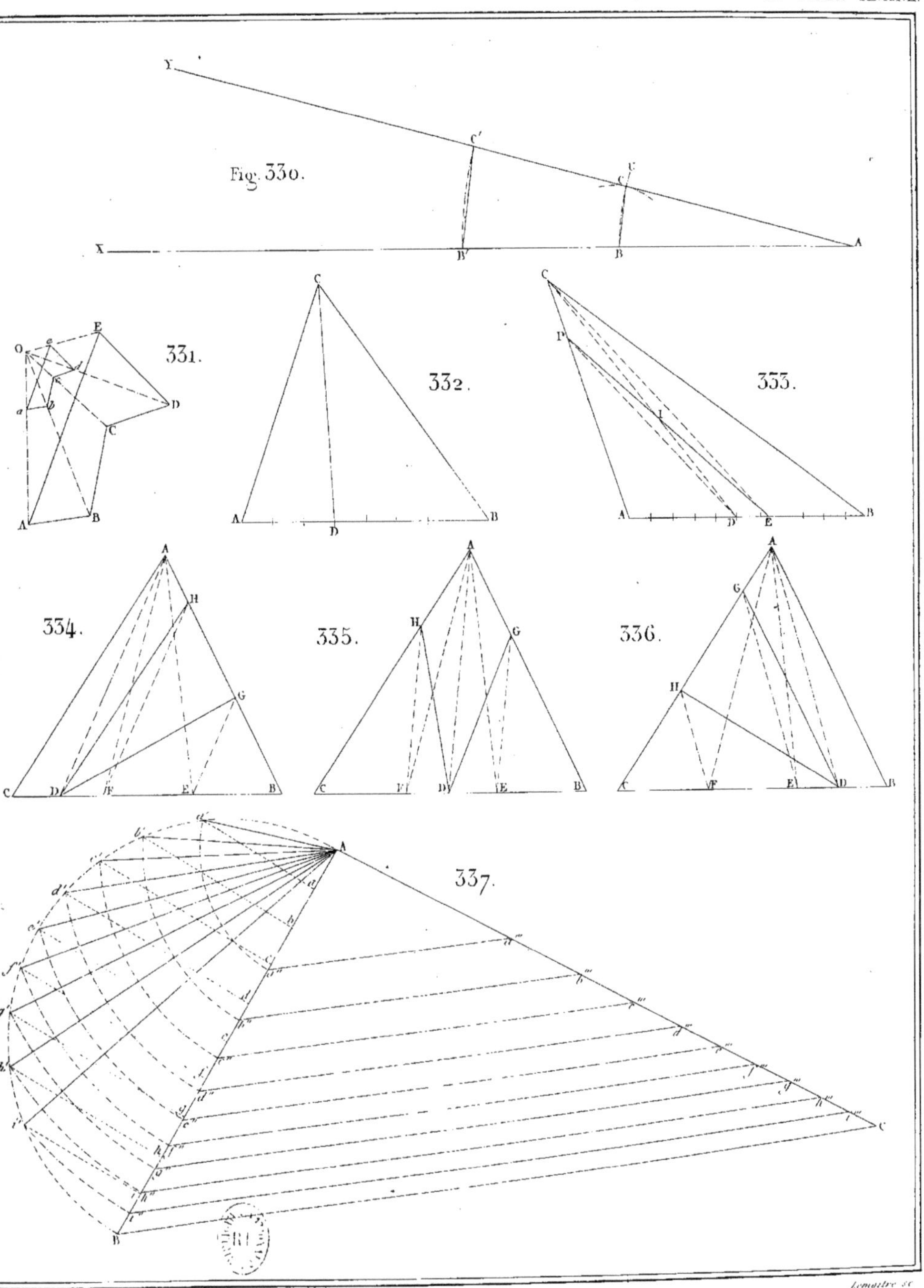
Fig. 330.
331.
332.
333.
334.
335.
336.
337.

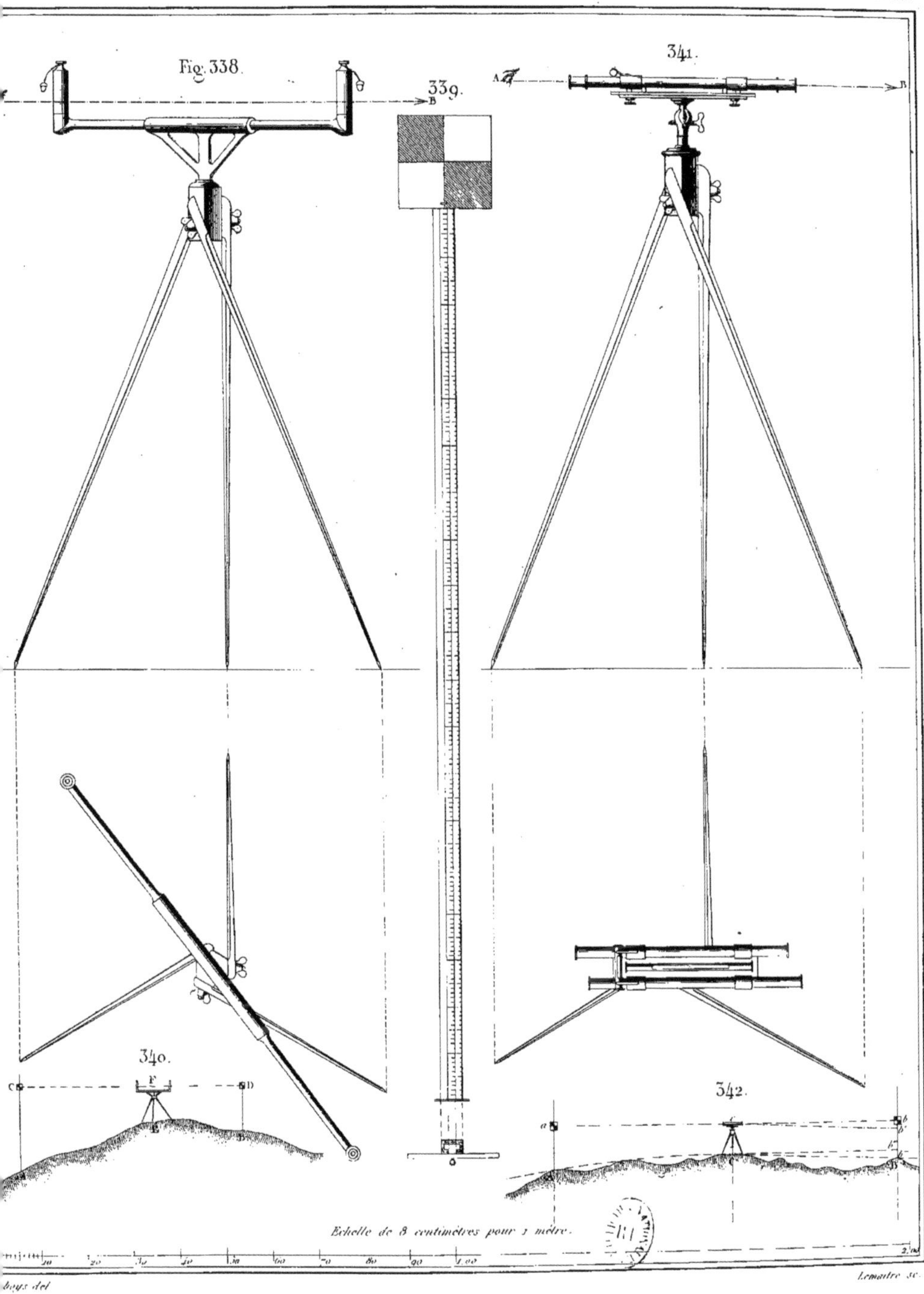

bogs del. Lemaître sc.

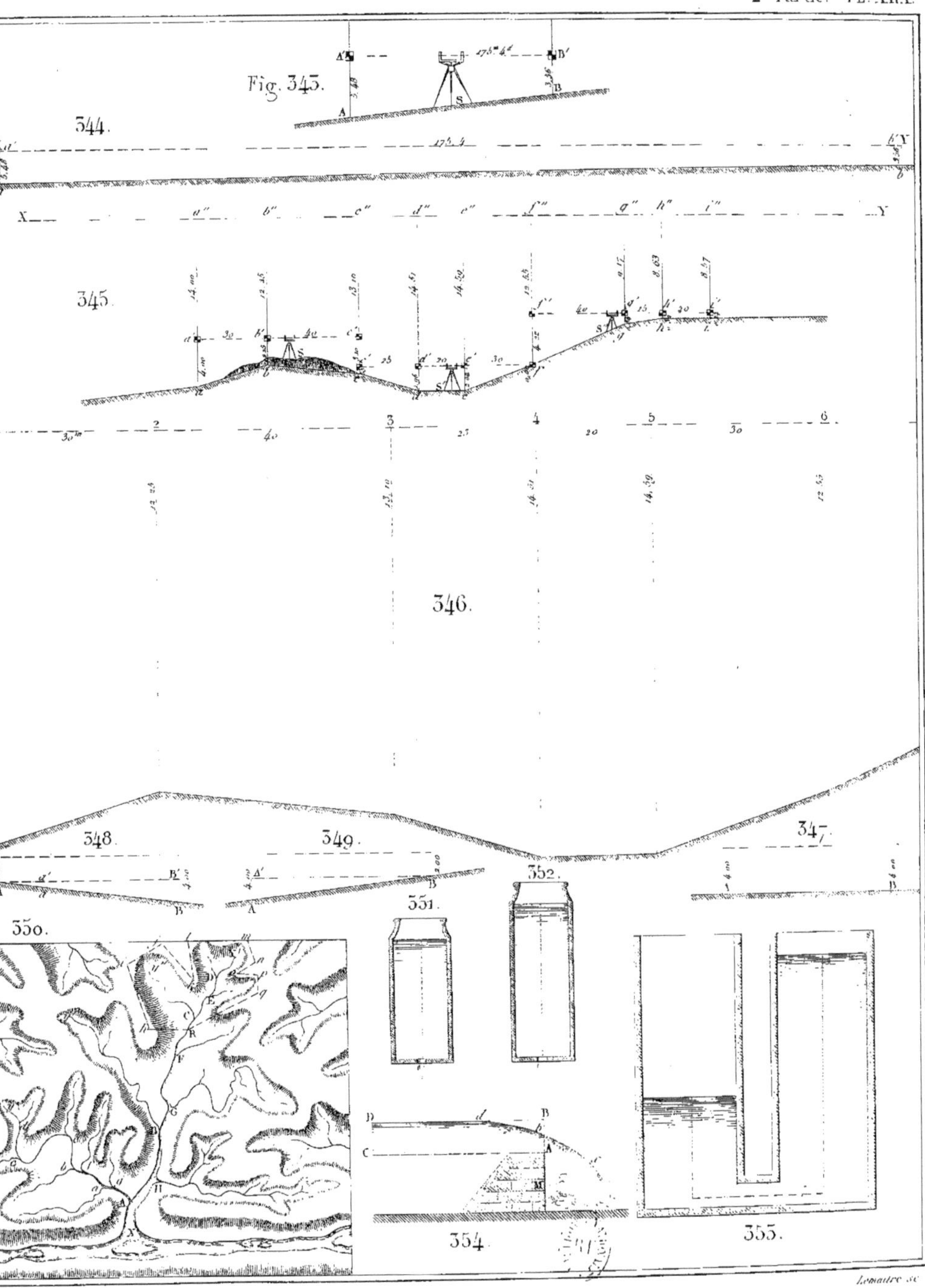

...uboys del. Lemaitre sc.

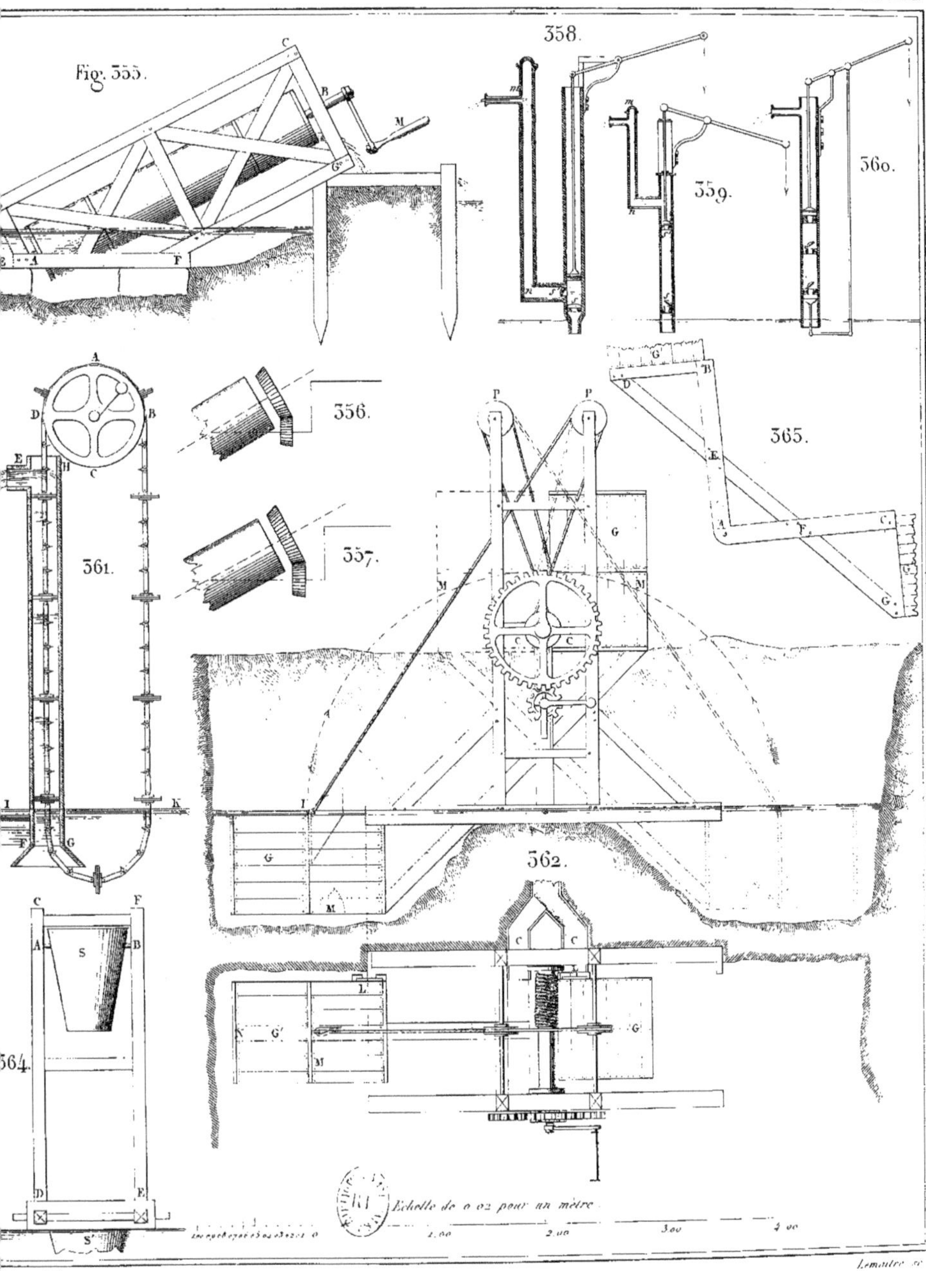

Duboys del.

Lemaître sc.

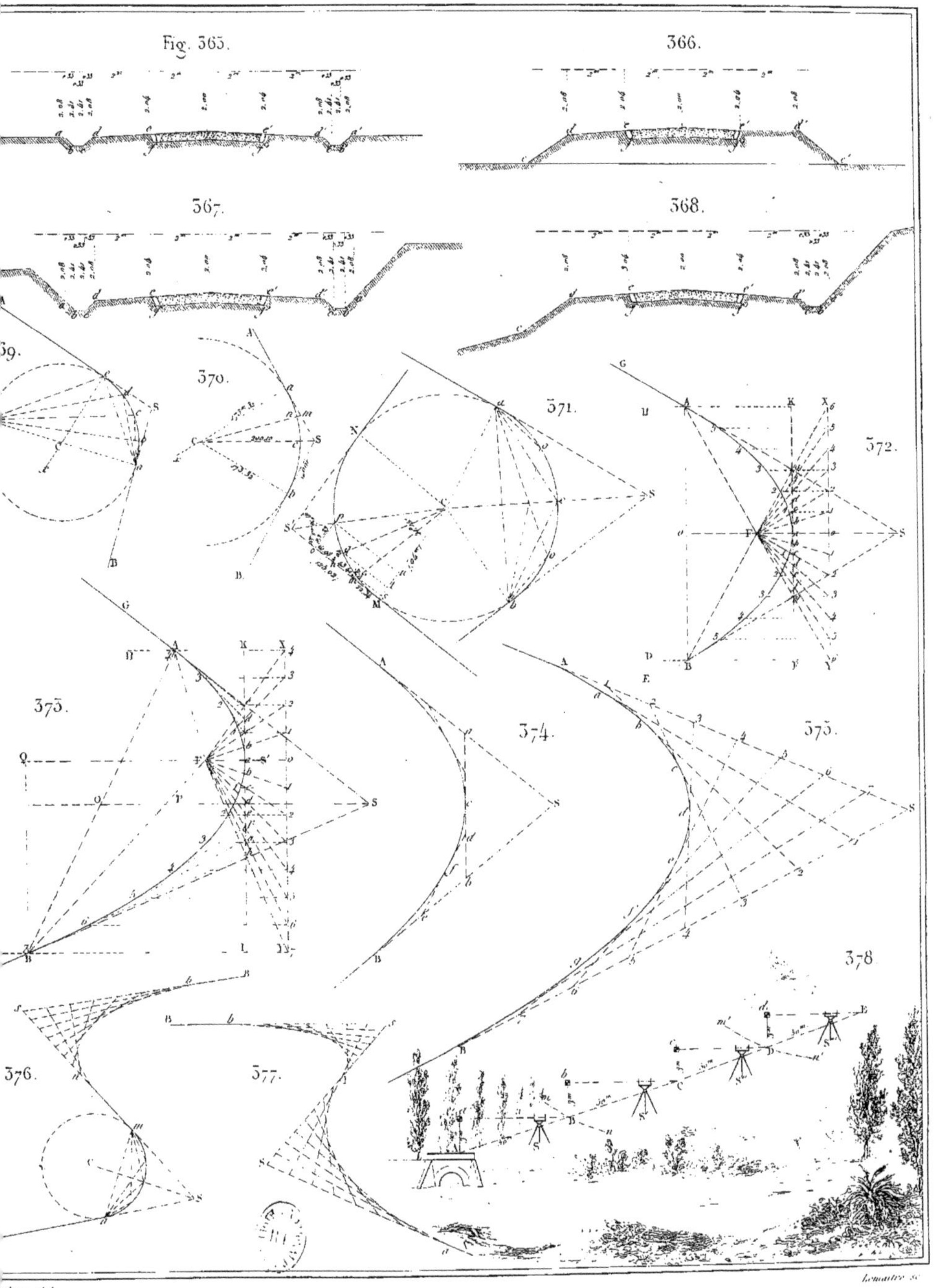

...dhoys del. Lemaitre sc.

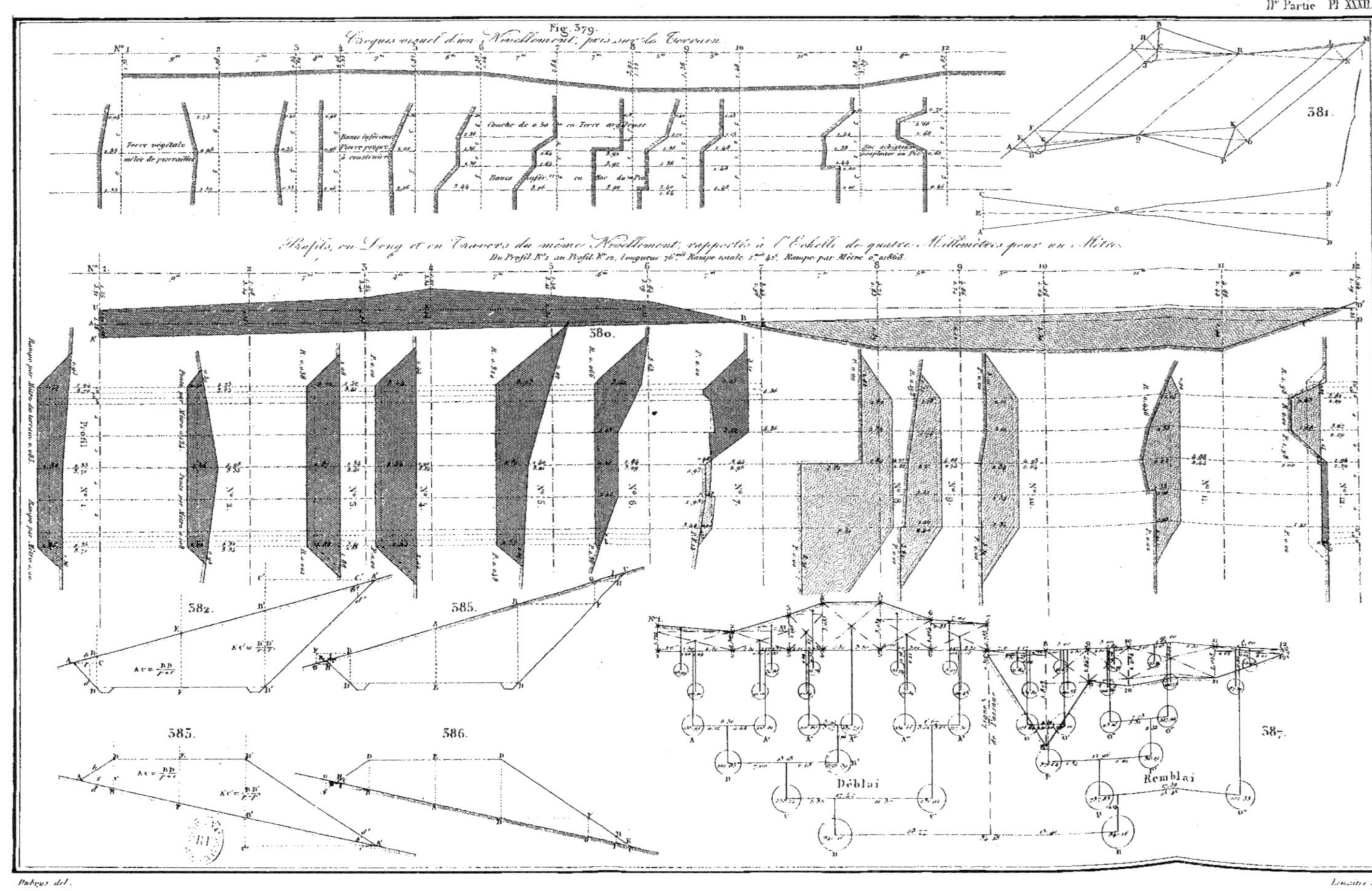

Dubuys del. Lemaitre sc.

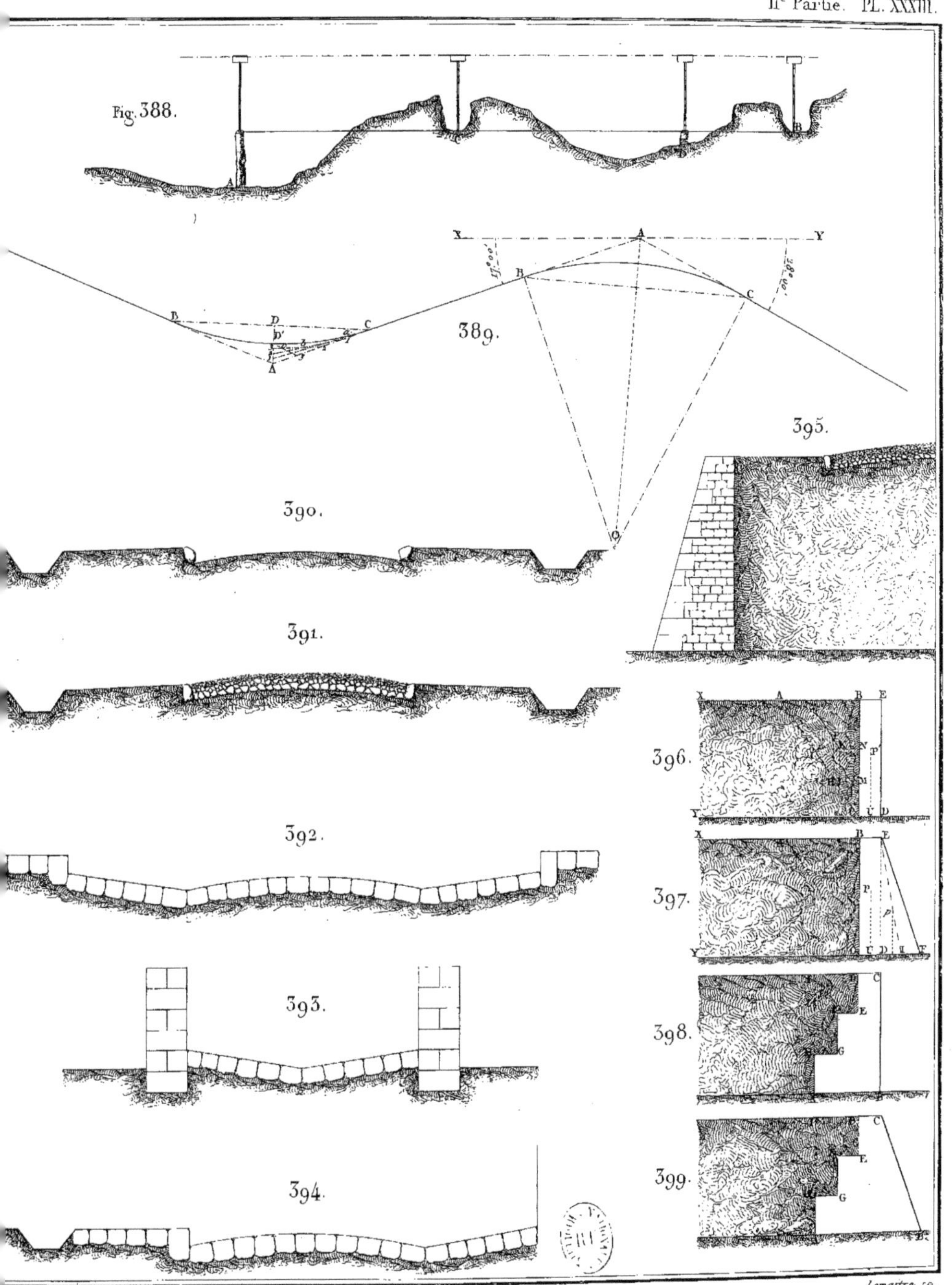

...boys del.

Lemaitre sc.

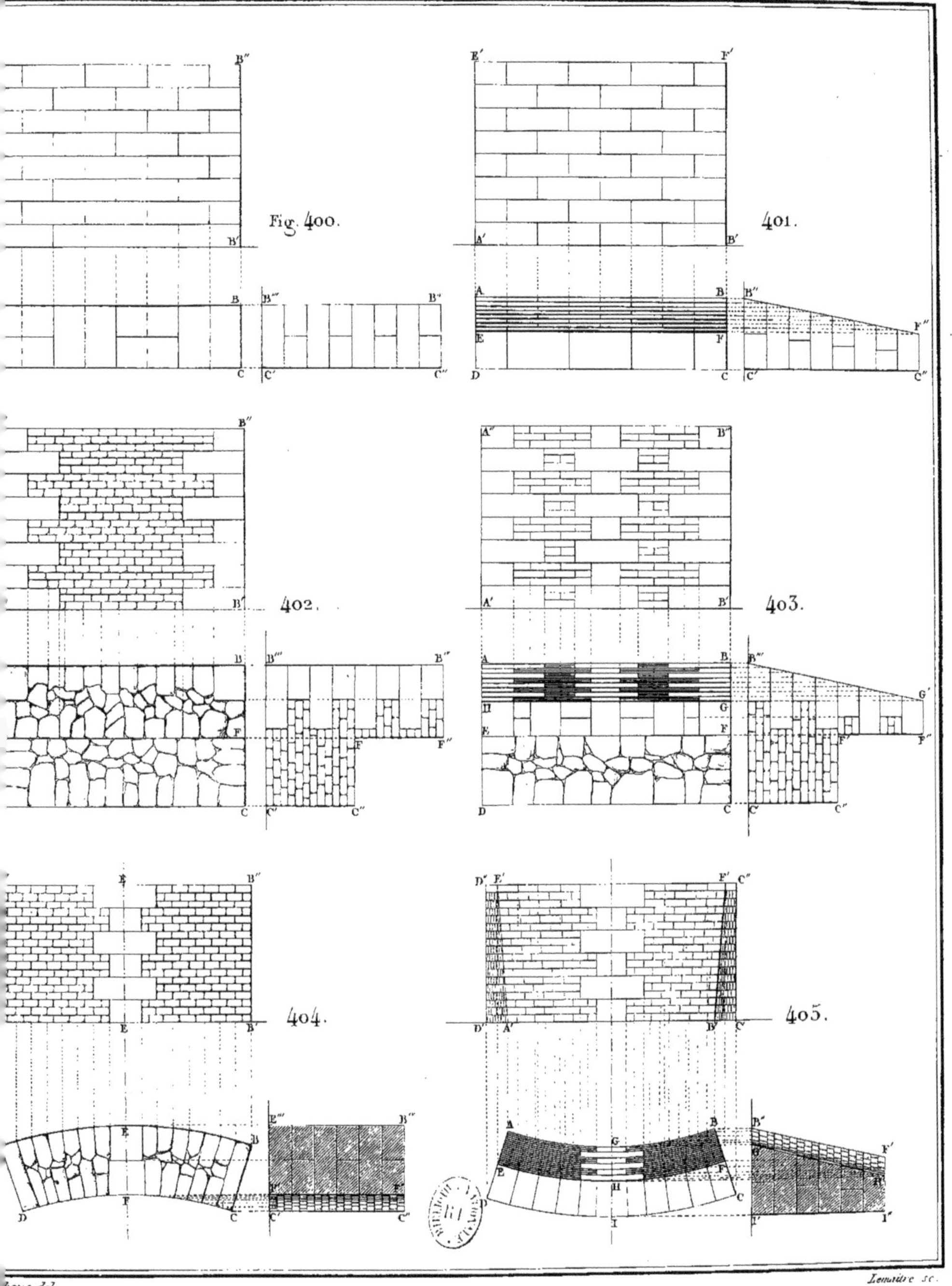

[...]boys del. Lemaître sc.

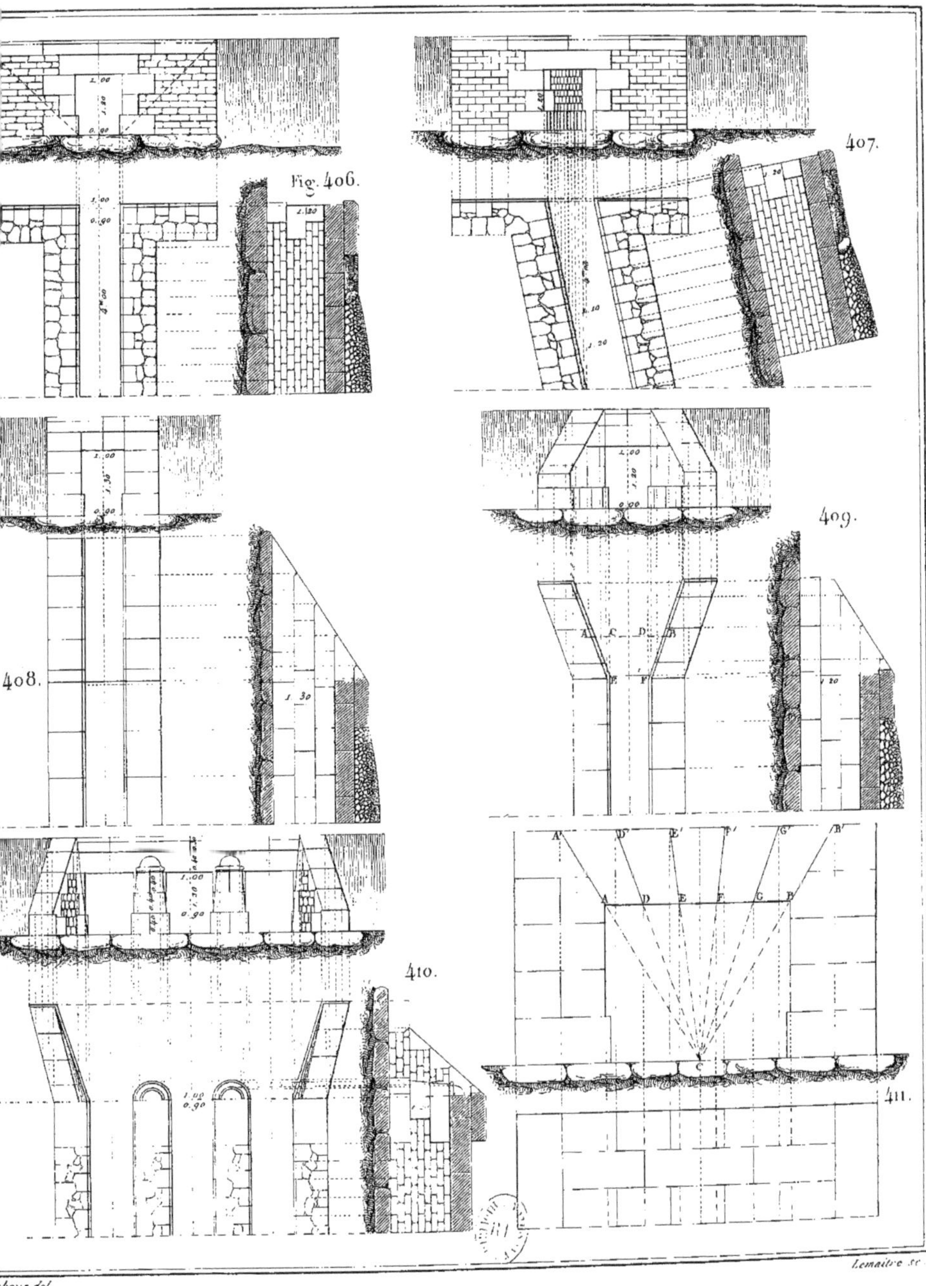

…boys del.

Lemaître sc.

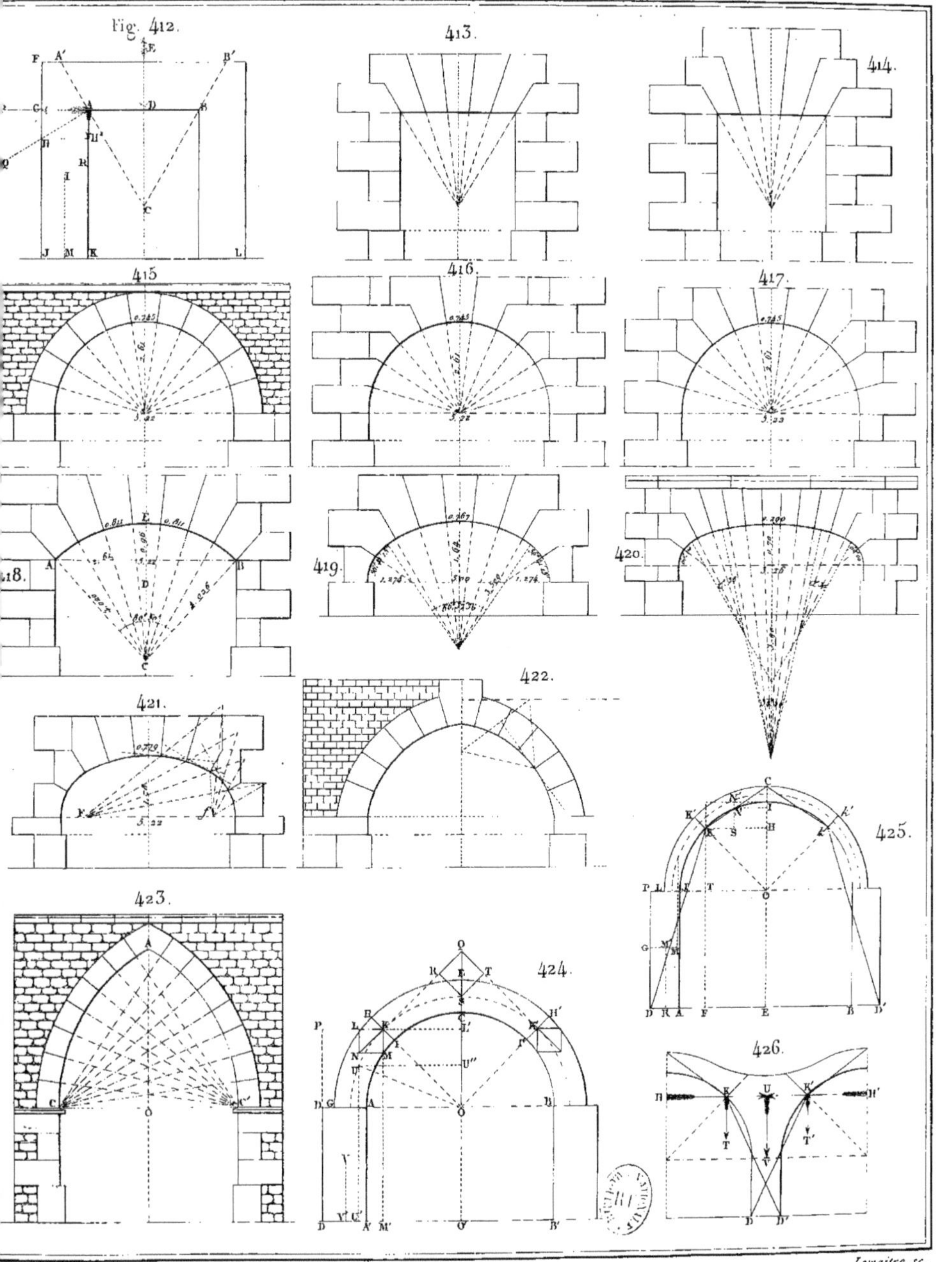

…uboys del.

Lemaitre sc.

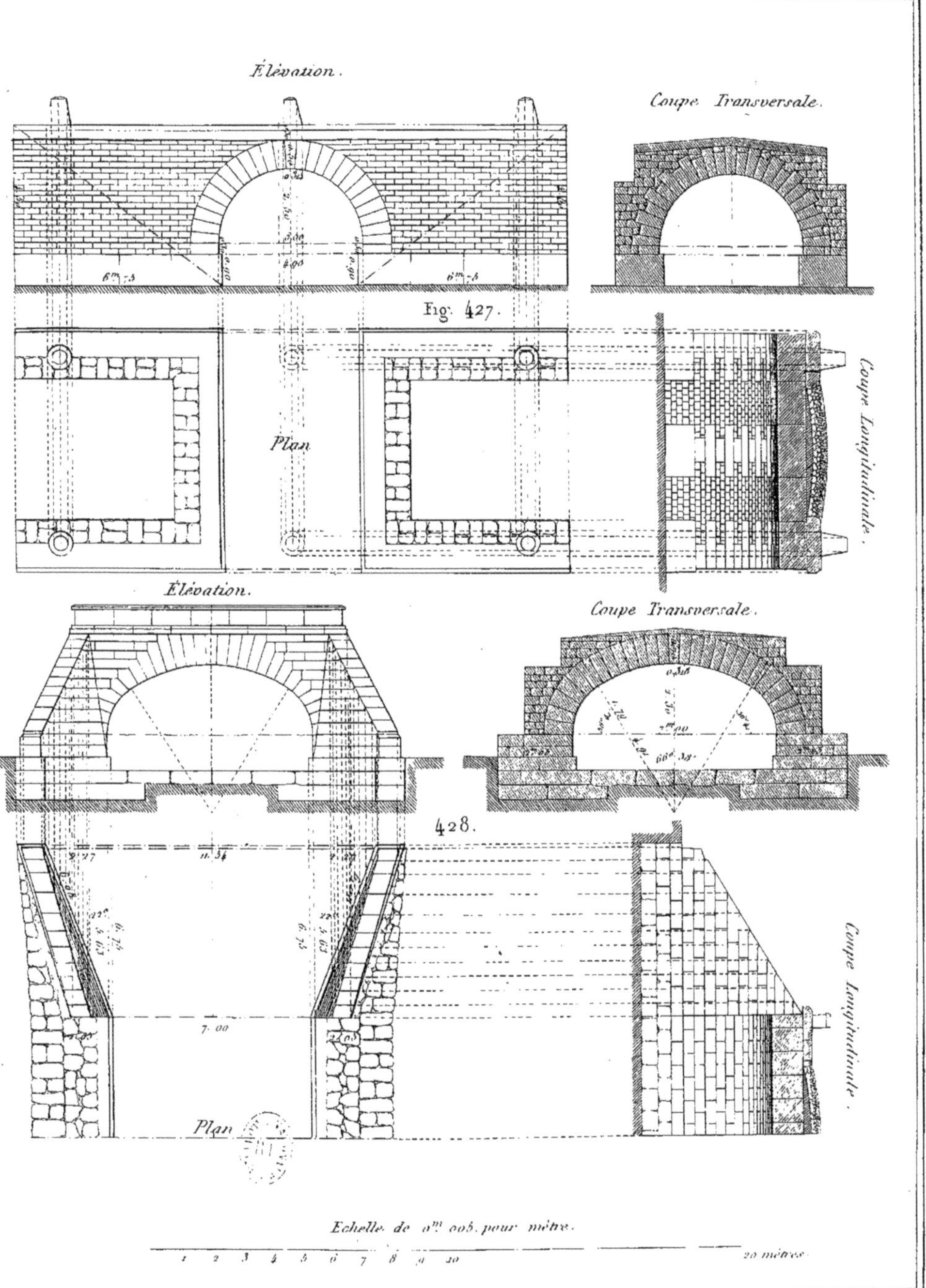

Echelle de 0m.005 pour mètre.

1 2 3 4 5 6 7 8 9 10 20 mètres

ys del. Lemaitre sc.

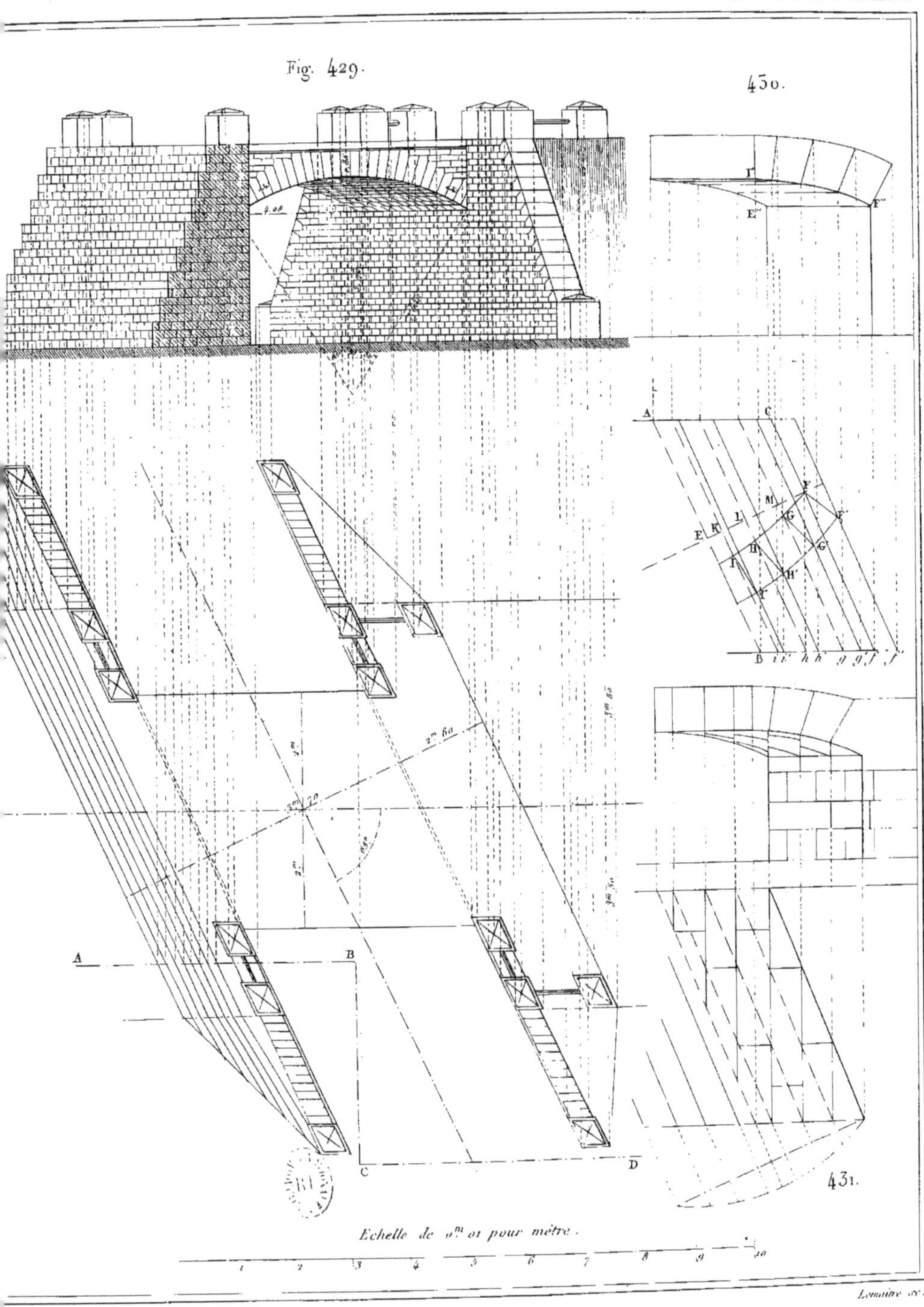
Fig. 429.
430.
431.
A
B
C
D
E
F
G
H
I
K
L
M
Echelle de 0m.01 pour mètre.
1
2
3
4
5
6
7
8
9
10

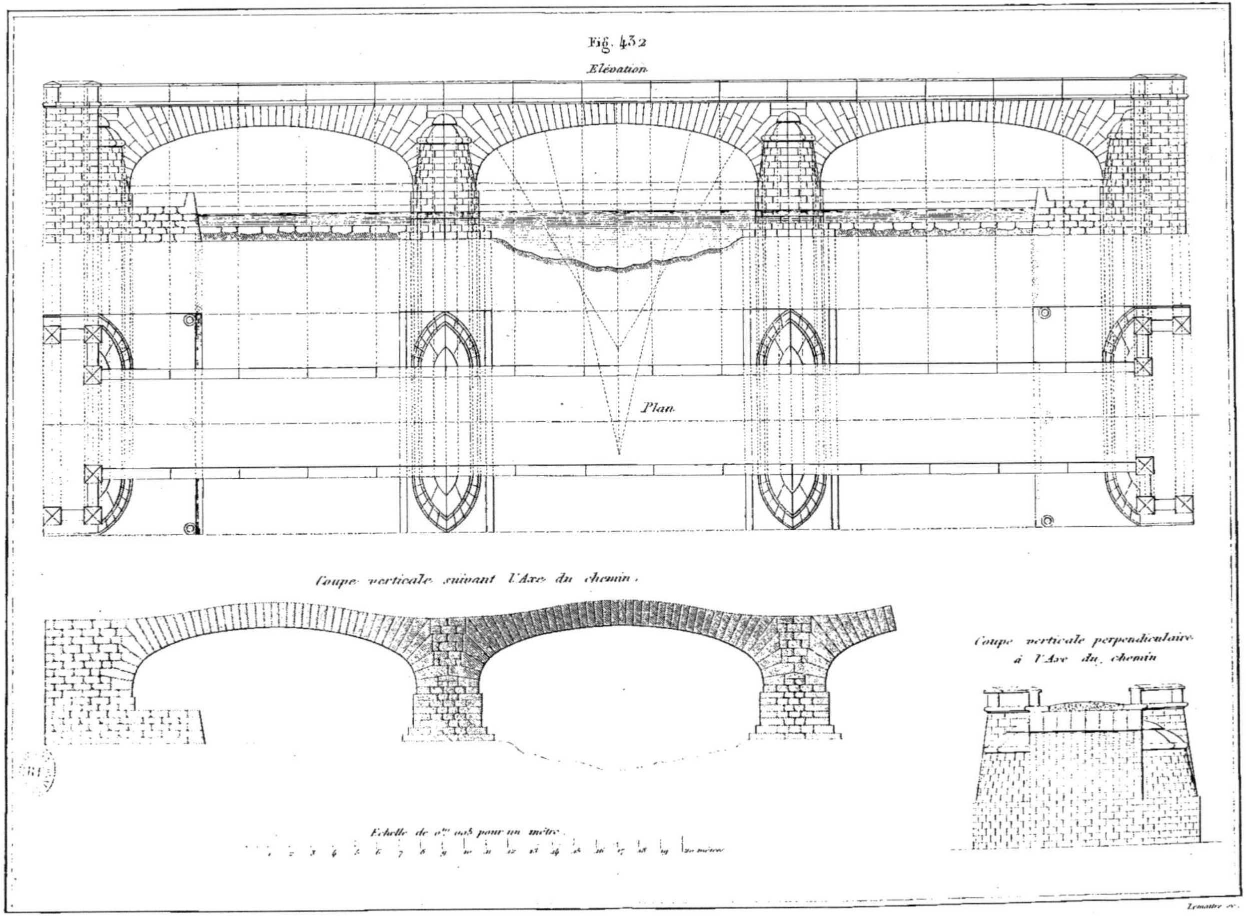

Fig. 432

Élévation

Plan

Coupe verticale suivant l'Axe du chemin.

Coupe verticale perpendiculaire à l'Axe du chemin

Échelle de 0m 005 pour un mètre.

1 2 3 4 5 6 7 8 9 10 11 12 13 14 15 16 17 18 19 20 mètres

Dubois del.

Lemaître sc.

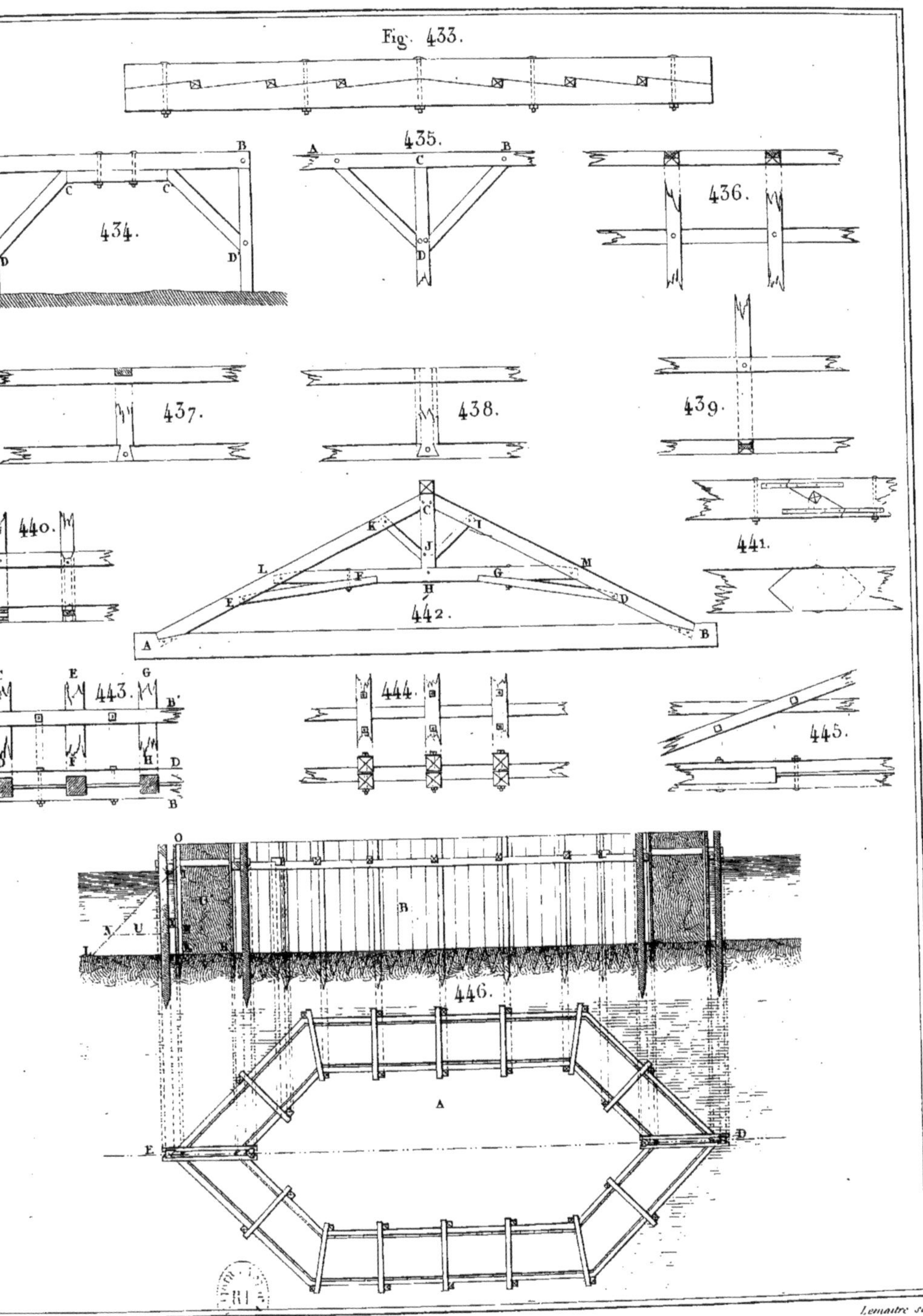

Lemaitre sc.

...ays del.

Fig 447
H F D B
P Q
N O
L J M
K I G E C A
448
450
E F C K G A B I D H
449
C E F A B D
451
Echelle de 0m 01 pour un mètre
0 1 2 3 4 5 6 7 8 9 10 mètres
Lemaire sc.

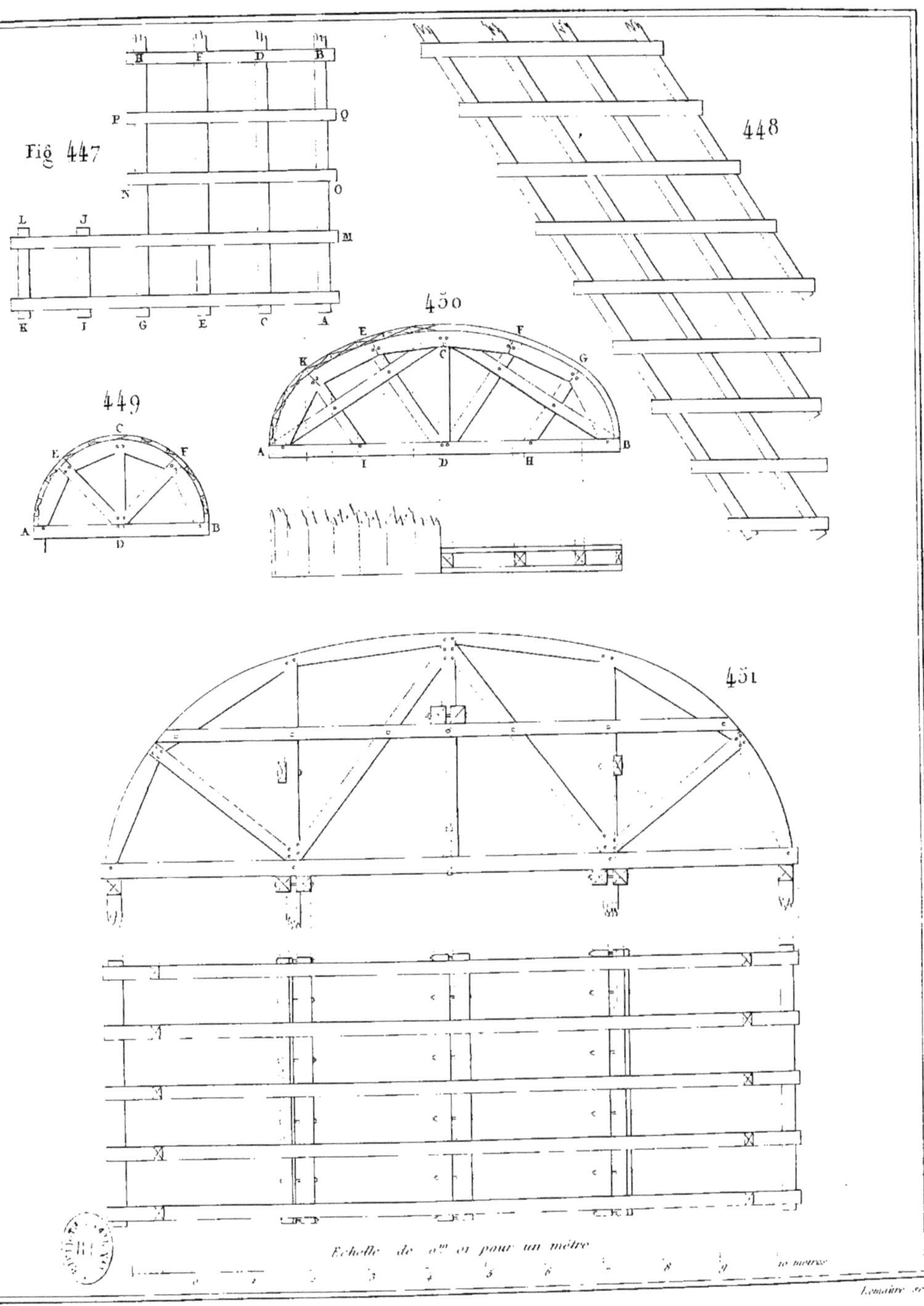

Duboys del

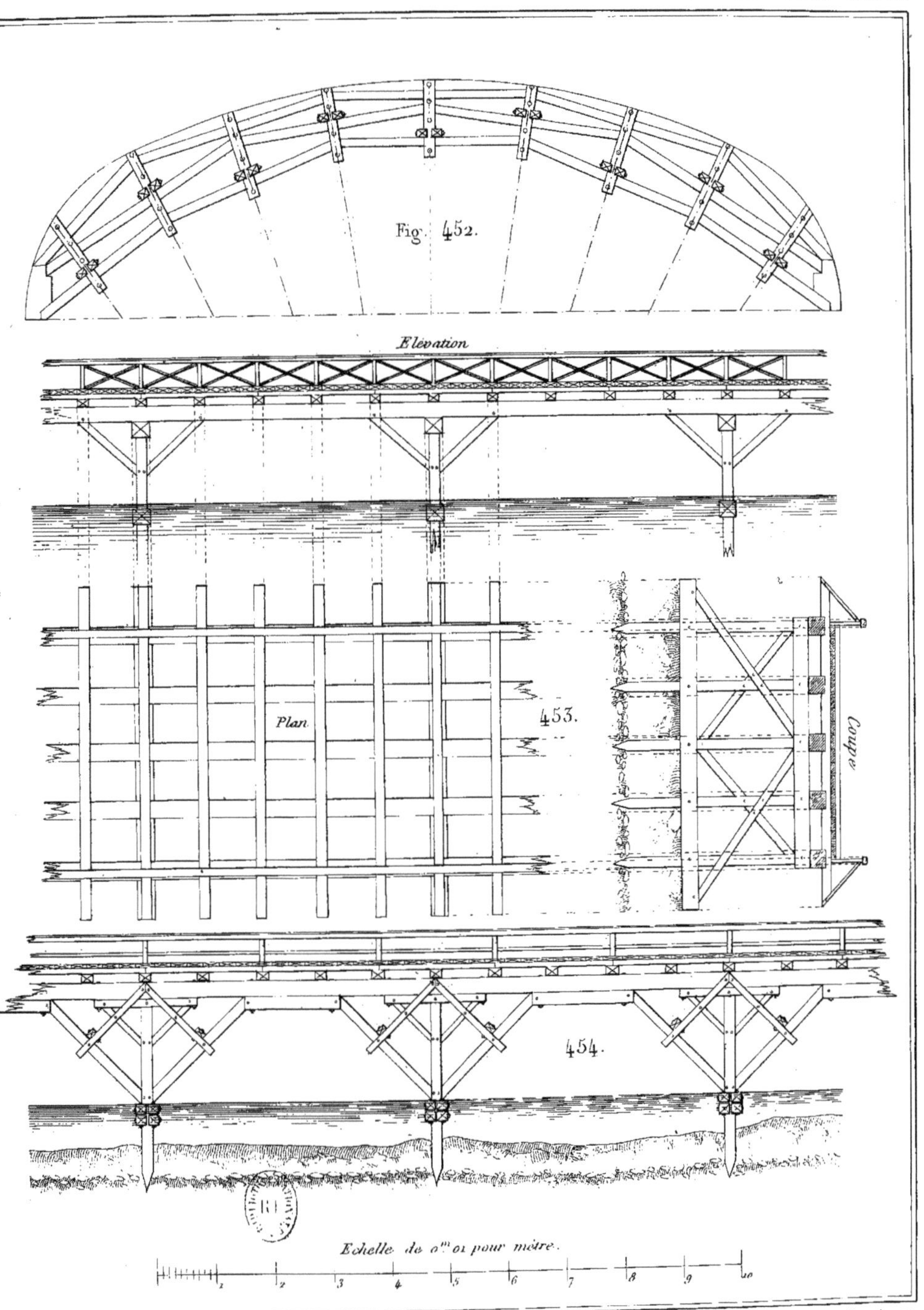

…uboys del.

Lemaître sc.

Plan de la partie du chemin de grande communication N.° de à comprise entre et sur une longueur de 1036.m 50.c

IIe Partie. Pl. XLIII.

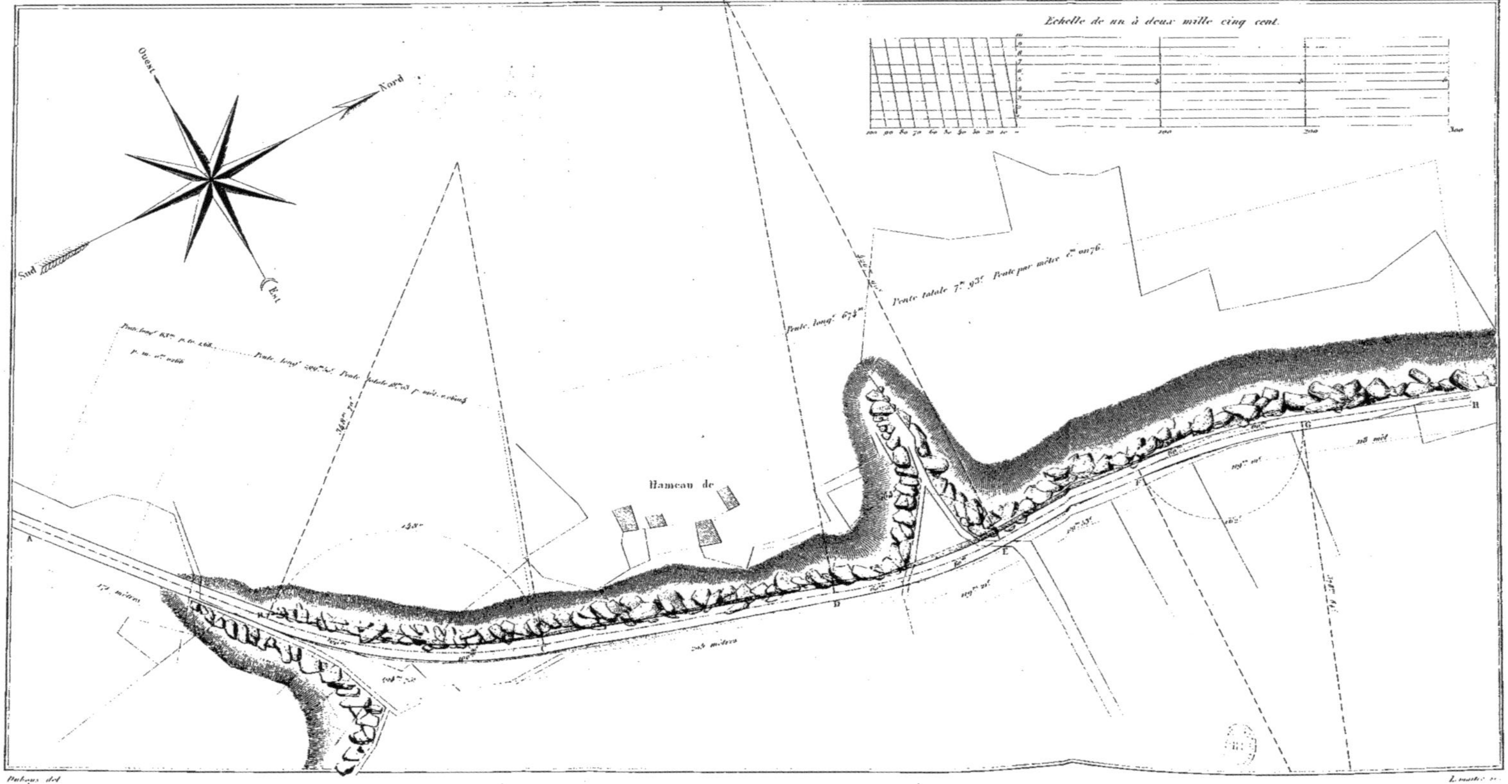

Echelle de un à deux mille cinq cent.

100 90 80 70 60 50 40 30 20 10 0 — 100 — 200 — 300

Ouest

Nord

Sud

Est

Pente. longr. 63m. p. tr. 268.

p. m. 0.m 0266

Pente. longr. 204.m 50.c Pente totale 8.m 03 p. mèt. 0.0393

Pente. longr. 674m.

Pente totale 7.m 93.c Pente par mètre 0.m 0076.

Hameau de

A

B

D

E

F

G

171 mètres

205 mètres

Dubois del.

Lemaitre sc.

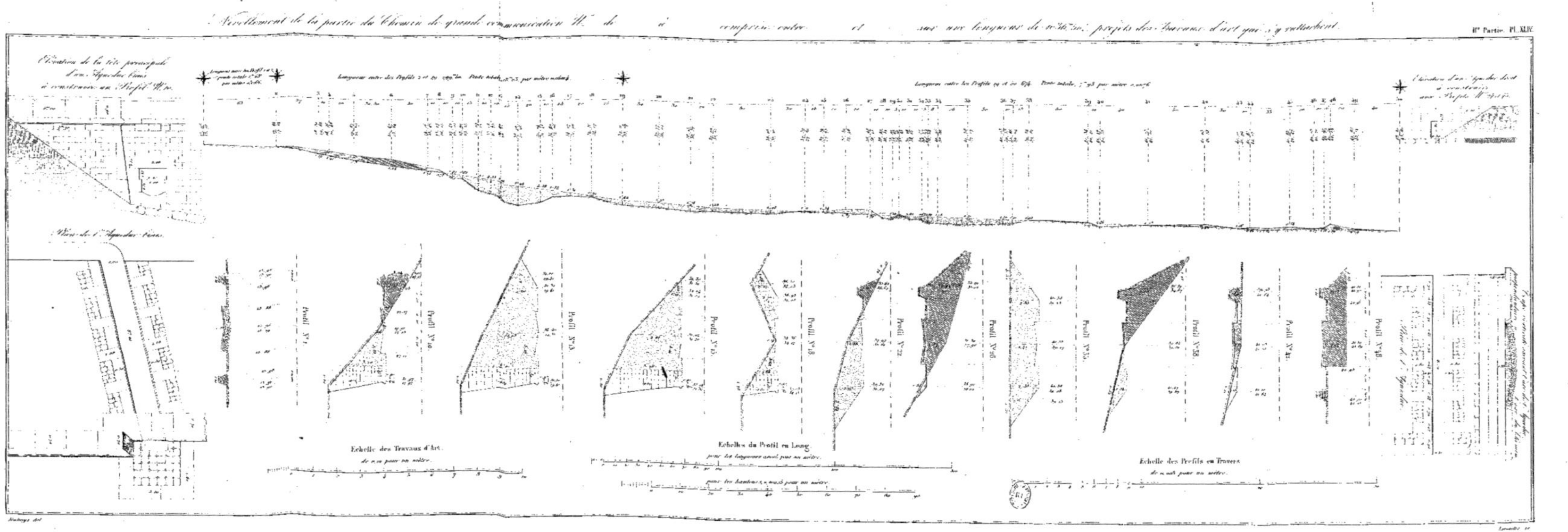
Nivellement de la partie du Chemin de grande communication N° de à compris entre et sur une longueur de
projets des Travaux d'art qui s'y rattachent.
IIe Partie. Pl. XLIV.
Elévation de la tête principale d'un Aqueduc biais à construire au Profil N° 10.
Plan de l'Aqueduc biais.
Profil N° 1.
Profil N° 10.
Profil N° 13.
Profil N° 15.
Profil N° 18.
Profil N° 22.
Profil N° 26.
Profil N° 33.
Profil N° 38.
Profil N° 41.
Profil N° 46.
Plan de l'Aqueduc.
Echelle des Travaux d'Art.
Echelles du Profil en Long.
Echelle des Profils en Travers.

Pont à Construire sur la Rivière de Chemin de Grande Communication N° de à

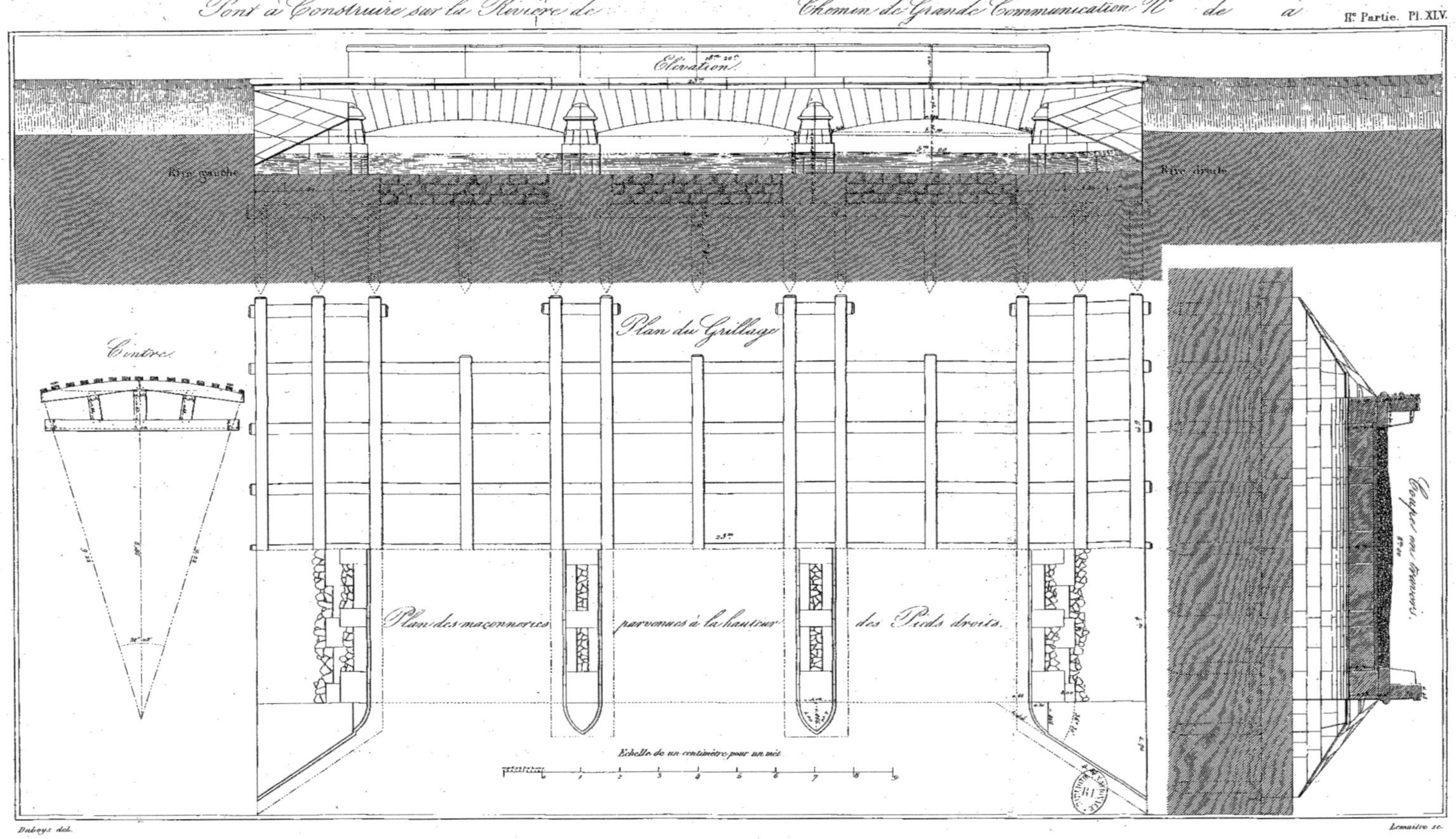

Duboys del.

Lemaitre sc.

Pont à construire sur la Rivière de   Chemin de Grande Communication N° de à

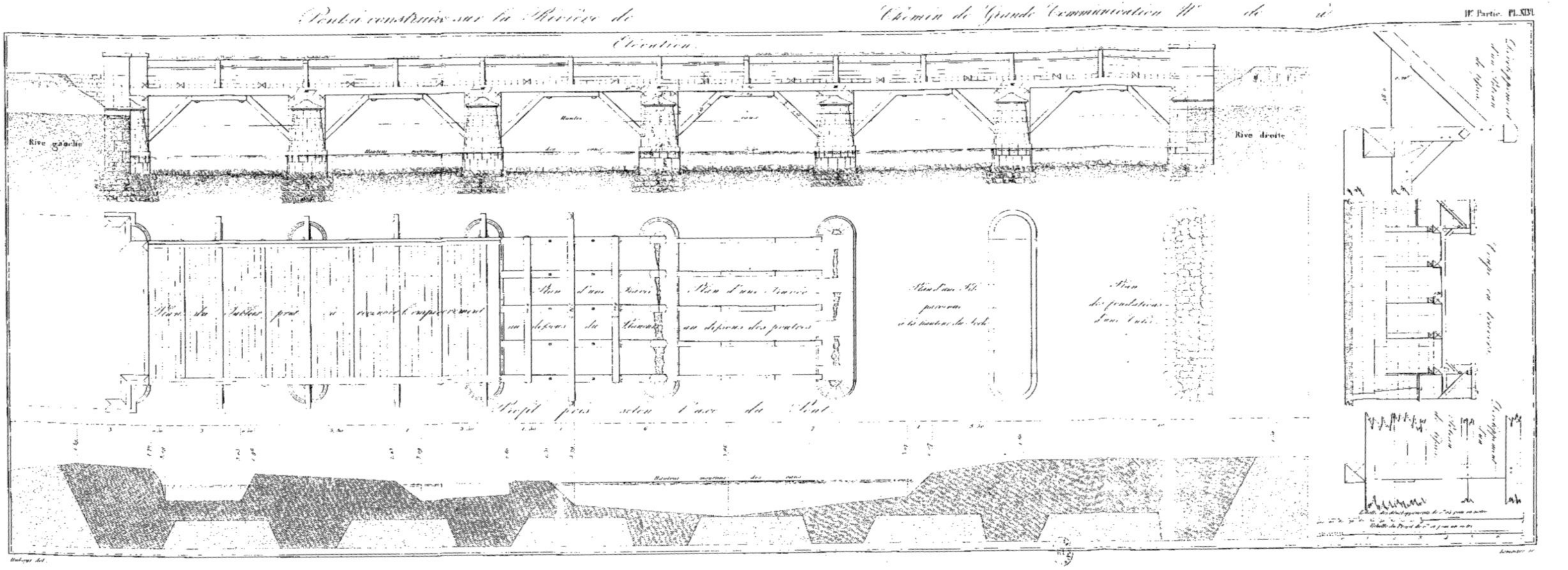

Plan, Coupe et Élévation d'un Pont en maçonnerie et en charpenterie à construire sur la Rivière de   Chemin de Moyenne communication de   à

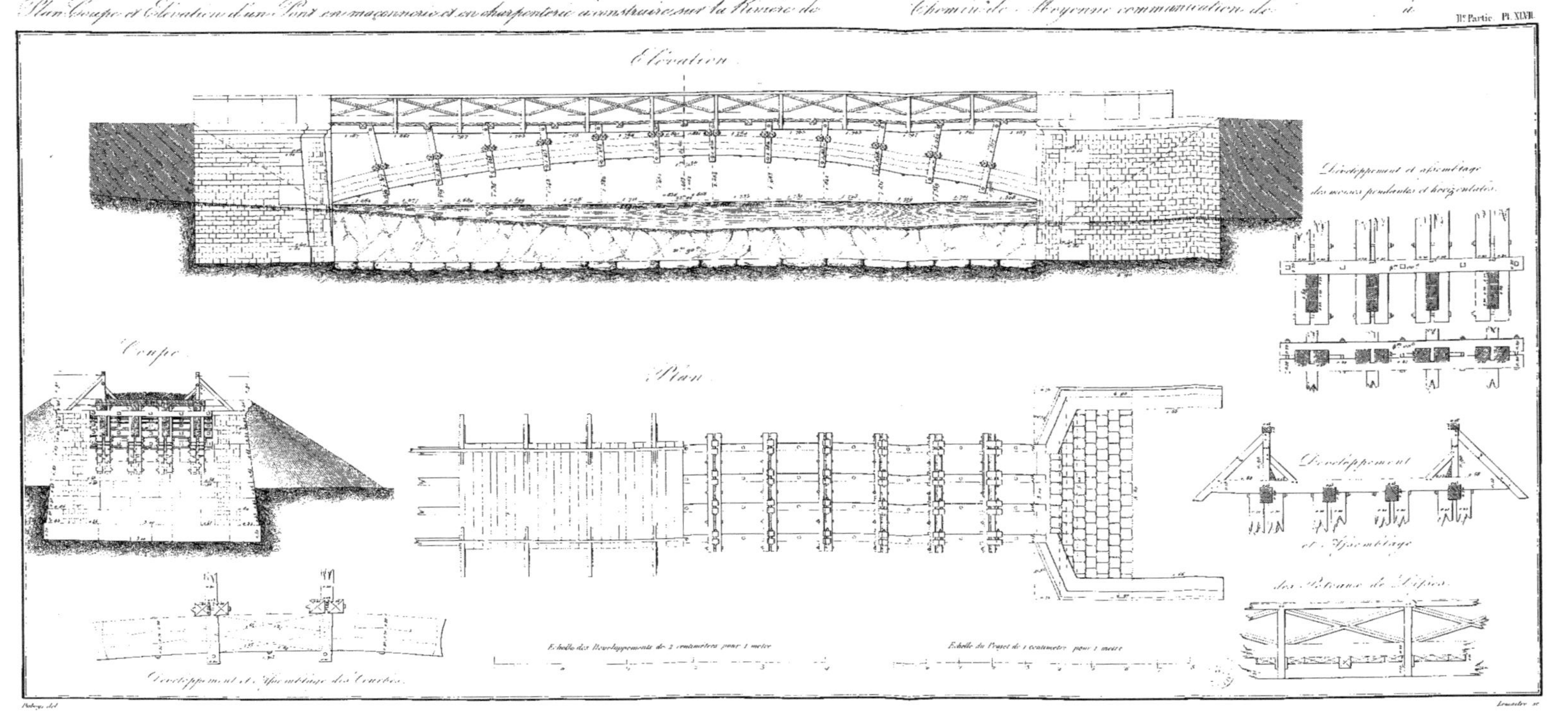

Dubreuil del.   Lemaître sc.

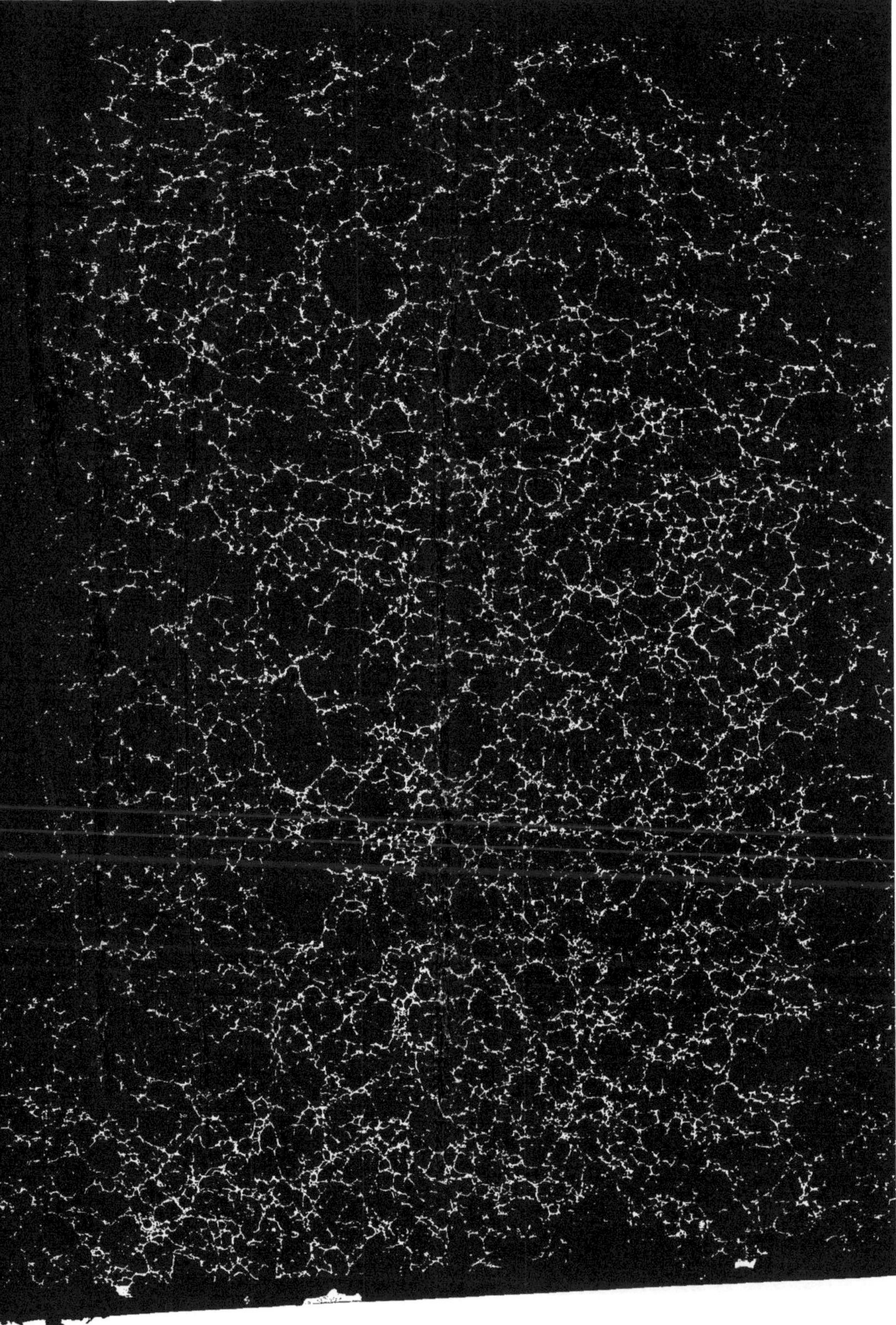

www.ingramcontent.com/pod-product-compliance
Ingram Content Group UK Ltd.
Pitfield, Milton Keynes, MK11 3LW, UK
UKHW022117190726
13855UKWH00003B/918